高等教育理工类"十四五"系列规划教材

安全学原理

主 编◎王 雨

副主编◎华道友 张婷婷 王海龙

参 编◎任 翔 刘虎华 郭正超

蔡华林 吴 鑫 张茂洁

李洪兵

U0251873

四川大学出版社

SICHUAN UNIVERSITY PRESS

图书在版编目（CIP）数据

安全学原理 / 王雨主编． — 成都：四川大学出版社，2023.1
ISBN 978-7-5690-6024-9

Ⅰ．①安… Ⅱ．①王… Ⅲ．①安全科学－高等学校－教材 Ⅳ．① X9

中国国家版本馆 CIP 数据核字（2023）第 021538 号

书　　名：安全学原理
　　　　　Anquanxue Yuanli
主　　编：王　雨
丛 书 名：高等教育理工类"十四五"系列规划教材

丛书策划：庞国伟　蒋　玙
选题策划：宋绍峰　蒋　玙
责任编辑：肖忠琴
责任校对：蒋　玙
装帧设计：墨创文化
责任印制：王　炜

出版发行：四川大学出版社有限责任公司
　　　　　地址：成都市一环路南一段 24 号（610065）
　　　　　电话：（028）85408311（发行部）、85400276（总编室）
　　　　　电子邮箱：scupress@vip.163.com
　　　　　网址：https://press.scu.edu.cn
印前制作：四川胜翔数码印务设计有限公司
印刷装订：成都市新都华兴印务有限公司

成品尺寸：185 mm×260 mm
印　　张：11.5
字　　数：276 千字

版　　次：2023 年 3 月 第 1 版
印　　次：2023 年 3 月 第 1 次印刷
定　　价：52.00 元

扫码获取数字资源

四川大学出版社
微信公众号

序　言

人类生产和生活的所有时间与空间领域都存在安全问题。安全是人们财产安全和生命安全的重要保证，是人类稳定发展的基础，也是目前社会关注的重点。随着经济水平的不断提高，人们对安全的重视程度也越来越高。但是，由于技术的不断进步，系统越来越复杂，生产中的安全问题也越来越突出，整个社会对安全工程专业人才的需求也越来越大。因此，开展高层次安全工程专业人才教育以适应社会需求，就显得越来越重要。

本书是学习安全工程专业知识的入门课程书籍。本书对安全哲学原理、事故致因理论、安全人性原理、安全社会科学原理及事故预测和预防理论等内容均进行了阐述。希望通过该门课程的学习，学生能了解安全科学的研究内容和学科体系，掌握事故致因理论，并能从人性和社会的角度去分析事故，从而树立正确的安全观，学会运用正确的方法开展安全工作和研究，为后续的课程及工作实践奠定基础。

全书分为六章。第一、二、三章和第六章分别由四川师范大学工学院的华道友副教授、任翔教授、王雨副教授、王海龙老师编写，第四章由宜宾学院的刘虎华和蔡华林老师编写，第五章由重庆三峡学院的郭正超老师编写。习题由吴鑫副教授和李洪兵老师编辑整理，事故案例由张茂洁副教授收集整理，全书图文校对由张婷婷老师完成。另外，刘月、宋丹丹、张宁、王维、杜婷婷、刘永红等研究生和朱琳、朱欣冉等本科生参与了大量文字编写工作，在此一并表示感谢。

本书是在参考同类教材和大量研究文献的基础上整理编写完成的，在此对原作者表示诚挚的感谢！另外，在编写过程中，我们得到了四川师范大学教务处、工学院的领导和教师的大力支持，在文稿写作中，还得到兄弟院校老师们的帮助，特此致谢！

由于编者水平有限，时间仓促，书中难免存在不当之处，敬请读者指正。

编　者
2022.6

目　录

第一章 概论

第一节 安全问题产生及其认识

安全作为人的基本需求之一，是一切活动的基础和前提。其随着人类的产生而产生，且随着人类物质生活和精神生活的不断发展而不断更新和演化。每个社会发展阶段都会对应特定的安全问题，由于社会背景不同，人类面临的安全问题也有很大的改变。安全的重要地位是不会改变的，它是人类生存的充要条件。事实表明，目前安全问题依然严重，新的安全问题还在不断出现。

一、安全问题

广义的安全问题涉及个体生命健康、家庭或单位财产、社会稳定和谐、国家主权完整独立、全人类生存环境等方面。按照总体国家安全观，需要面对的安全问题包括政治安全、国土安全、军事安全、经济安全、文化安全、社会安全、科技安全、信息安全、生态安全、资源安全、核安全等。根据行业或领域的不同，需要进行具体研究和解决的安全问题包括社会安全、食品安全、能源安全、交通运输安全、职业安全、生产安全、环境安全、信息安全、财产安全、医疗卫生安全、城市安全等。

安全学科或安全科学所研究的问题，是狭义的安全问题，简单来说就是"天灾""人祸"，可能是原生的，也可能是次生和衍生的。按照相关事件进行分类，其包括自然灾害、灾难事故、公共卫生、社会安全等。随着社会经济的发展，科技突飞猛进，上述安全问题变得愈加复杂，特别是随着工业的快速发展，不断提高生产科技含量，从机械化、自动化到信息化、智能化，高新技术的应用遍及各行各业。但是，生产过程中的高能、高压、高速、高温等作业环境，以及高效的管理和高强度的劳动，又不断遭遇由于新型工业快速发展带来的种种风险。在一些生产过程中，发生了很多惨重的安全事故，这些惨痛的教训都一一向我们警示：安全问题依然严峻。

二、安全问题的产生

在人类发展的每一个进程中，从来没有绕过安全问题。

以生产力和劳动力结构为依据，人类文明进程的历史阶段可分为工具时代、农业时代、工业时代和知识时代4个阶段。这直接导致人类历史的4次转移：第一次是从动物世界向人类社会的转移，第二次是从工具时代（原始时代）向农业时代的转移，第三次是从农业时代向工业时代的转移，第四次是从工业时代向知识时代的转移。每一次转移都能促进人类文明实现巨大进步。例如，在原始社会和奴隶社会时，人类改造自然的能力很弱，来自自然的威胁占人类所面临的安全问题的主要部分。随着人类社会的不断进步，人类改造和利用自然的能力也在不断提高，物质和精神生活也越来越丰富。

工具时代是指从人类诞生到文明诞生前，大致为250万年前至公元前3500年，包括起步期的旧石器时代早期、发展期的旧石器时代中期、成熟期的旧石器时代晚期、过渡期的新石器时代4个阶段。最早，人类挖穴而居、栖巢而息，完全依附于大自然，是大自然的一部分，是纯粹的"自然存在物"。自然界是人类最早遇到的各种灾难的来源，安全问题首先源于自然灾害。两三百万年前，地球上出现了能制造简单工具的原始人类，形成了群居性的原始氏族社会。这一时期，人类的一切活动受自然环境的影响，如受风、雪、电、地震、火灾、山洪等自然灾害的影响，甚至野兽的侵袭也可能导致局部氏族的消亡。

农业时代是指从文明诞生到工业革命前，约为公元前3500年至1760年，包括起步期的古代文明时期，城市和国家出现、发展期的古典文明时期，科学和宗教诞生、成熟期的东方文明繁荣阶段，欧洲中世纪文明、过渡期的现代文明启蒙时期。进入农业社会后，由于生存和发展需要，人类不断创造工具、创新手段，发现自然界千变万化而又亘古不变的运行规律，与自然环境共存，以适应自然、利用自然；或与自然灾害进行斗争，改造自然、征服自然，以满足人类日益增长的物质生活和精神生活需要。劳动使人类获得了赖以生存和发展的物质和精神财富，但在劳动过程中也对自身造成了伤害，甚至是财产损失，同时，被改造的自然也可能会带来各种灾难，人为灾害逐渐增多。

工业时代是指从工业革命到知识革命前，约为1760—1970年，包括起步期的机械化和城市化、发展期的电气化和民主化、成熟期的家庭机械化和电器化、过渡期的自动化和社会福利化。进入工业时代，生产力得到前所未有的发展，利用技术开发资源、制造工具、工程建设、探索自然等，给人类带来了大量的财富并获得了高度文明。但是，现代高科技的发展一方面使人类在近一个多世纪中创造的成就远胜于此前人类所创造的全部成就；另一方面人类也因此遭受了很多惨重灾害，甚至危及人类生存。

知识时代始于知识革命，大致从1970年至今，包括起步期（1970—1992年）的信息革命和高技术、发展期（1992—2020年）的网络化，目前进入智能化。随着人类活动的范围无限扩大、新生的生产领域不断增多、经营业态日新月异、生产生活方式更加丰富，安全问题也变得更加隐蔽和不确定，而影响安全问题的因素更加复杂，解决安全问题的难度加大，新生和新兴的安全问题已经出现，但有些安全问题尚未可知。

三、人类安全问题的认识

最早，安全作为一种意念进入人的头脑。安全是人类生存和发展的首要条件，人类是自然界的产物，也是自然的改造者。人类在同自然界的斗争中，运用自己的智慧，通过劳动不断改造自然，创造新的生存条件。但是，在改造自然的过程中，由于人类的认识能力和科学技术水平有限，安全问题总是被人类滞后地认识。任何事物的发展均为两个流向，一个是自然流向，一个是人为流向。根据事物本身的动力作用，它总是按照自然状态发展，但也受随机因素的调节和控制。这种发展不会完全符合人们的需求，在生产力水平较低时，人们只能顺应自然。随着科学技术的不断发展，人类不再满足于现状，会设法控制自然流向向有利于人的方向流动，这就构成了事物发展的人为流向。但人类不能完全扭转事物发展的自然流向，这就出现了保持协调、相互适应的问题。在以人力、畜力为主的低生产力阶段，人类对于安全问题的认识建立在低技术的基础上，应尽量顺应自然、听从自然、受制于自然。这一阶段，生产要素简单，人类使用的能量是低量级的，伤害规模较小，对于安全的认识主要表现为对国计民生的关心，此时的安全属于社会安全，而非技术安全。进入以蒸汽机、电力等为主的工业化阶段，人类对于安全问题的认识建立在高技术和新技术的基础之上，生产过程中所使用的能量量级日益增加，极大地提高了生产力水平，但一旦能量失控就会具有巨大的破坏力，可能造成极大的伤害和灾难。发展到这个阶段，人类对于安全的认识和理解不断深化，不仅关心显性伤害、短期伤害，也关心隐性伤害和潜在的长期伤害；不仅关注技术的正效果，也关注人类活动所产生的负效果；不仅使安全问题表现出社会性，也使其表现出科学性，对于安全问题的处理在很大程度上需要安全科学技术的方法和手段。与此同时，由于人类对自然的不当改造，也带来了一些巨大的灾难。科学技术在不断进步，为人类发展带来了极大的益处，但科学技术也在一定程度上威胁人类安全。如原子能的发现不仅使我们拥有了获取新能源的机会，同时原子弹也给人类发展带来了潜在的威胁。

人类对安全的认识，是与生产和科学技术的发展、人类社会经济的发展密切相关的。遵循人类生产和社会发展的历史轨迹，我们把人类的安全认识划分为 4 个阶段。

第一阶段：安全认识的蒙昧阶段，即 17 世纪以前。人类对于安全表现为宿命论的认识观，对天灾人祸只能是无能为力，听天由命。由于人类处于农业和氏族社会，生产方式极其简单，生存手段极为落后，生活水平相当低下，人类相对于自然太弱小，使得人们对于灾祸无能为力，只能寄托于天命的安排。人类对于自身的安全处于无知被动的状态。

第二阶段：安全认识的初级阶段，即 17 世纪后半叶工业革命出现至 20 世纪初。此时人类的安全认识进入了局部安全认识观的阶段，安全的活动表现为就事论事。例如，由于蒸汽机的应用，锅炉爆炸事故给人类的生产和生活带来了严重的灾难，因此，出现了专门的锅炉安全研究和事故控制机构和组织（如 1866 年美国成立了美国机械工程学会，1876 年法国创办锅炉和电气设备所有者协会等）。这一阶段，人类显然从被动的安全状态进入了主动的安全认识阶段，安全的意识有了突破性的进展，相对于蒙昧阶段有了质的飞跃。但受历史的局限性，这种安全认识有着明显的弱点，即安全活动具有局部性、被动性和有限性。

第三阶段：安全认识的发展阶段，即20世纪初至20世纪50年代。电气时代的出现和军事工业的发展使人类的安全认识提升到综合安全认识观的水平。其活动特征表现为从局部专业的安全处理方式转变为综合分析和系统考虑的科学运作方式。如在矿山、化工、石油、机械等行业，机械安全与电子安全交叉，物理安全和化学安全交叉等形式的安全综合对策和技术得到了发展并趋于成熟，从而促进了安全工程（系统综合安全技术）的发展，为现代安全科学技术奠定了基础。但是，这一阶段的综合安全认识观也存在一定缺陷，这就是安全对于服务系统（技术系统、生产系统等）还处于辅助性、被动性和滞后性的状态，这和后面发展起来的航天和宇航技术是不相适应的，由于航天技术不可能在经验和统计学基础上发展。因此，人类的安全认识又面临新的挑战。

第四阶段：安全认识的高级阶段，即20世纪50年代至今。由于宇航技术的出现，人类的安全认识有了新的飞跃，即进入了安全系统认识观的阶段。其表现特征在于安全成为系统（生产系统、技术系统等）的核心，安全的超前性、主动性，安全的自组织和重构功能得到充分实现，这改变了综合安全认识阶段安全的辅助性、被动性、滞后性的状态。只有这样，现代的高技术系统和宇航技术的可靠性和安全性才能得到提高，技术功能才能得予实现。尽管目前建立在这种认识基础上的安全运作在一些传统行业或技术系统中其应用推广还有一定的难度和局限性，但这种认识的基点和原则无论对于生产、生活还是社会的各方面，都具有普遍的意义。这是现代最为先进和科学的安全认识观，我们倡导和推崇这样一种符合时代要求的认识观。

四、人类安全问题的探索

自然界是人类各种技术思想、工程原理及重大发明的源泉，人类经过长期的进化过程，逐渐能适应环境的变化。

从人类会制造简单的工具进行生产劳动开始，便陆续进行了有重大意义的生产技术和安全技术的创造。原始社会，人类最重要的技术创造就是石器制造、弓箭和人工取火的发明。旧石器时代人类打制的石块和木棒，新石器时代人类加工制造的砍削器、石刀、石斧、石锯、石凿、打造的弓箭和简单木器等器具，既是人类从事狩猎鱼兽、采集野果的工具，也是人们自我防范野兽侵袭的安全工具。同样，原始人通过钻木取火或击石取火，利用火围攻狩猎、取暖照明、加工食物、预防野兽侵袭。人类学会用火之后，先后出现了烧制陶瓷的化工工艺和冶金技艺，迎来了陶瓷时代、青铜器—铁器时代的生产技术革命，相伴产生了防治烧伤的原始疗伤安全技术。随着农业革命浪潮，出现了石犁、石锄和"刀耕火种"耕作技术，以及驯养动物的早期畜牧业，继而产生了搭建木棚、修建定居村落的建筑工艺和利用植物纤维或兽毛防线编织的纺织工艺，相伴出现了利用动植物做药材保护人畜健康和生命安全的早期医疗技术。生产和生活方式的改变，离不开人类对劳动工具和日常器具的发明制作，孕育了原始的科学原理，并提高了生产力水平，改善了生活质量，保障了生命和财产安全。

城市的诞生带动了建筑技术、手工业和工业技术、交通运输技术等的发展，推动了社会生产方式从手工工场向机器大工业的根本转变，特别是近现代的三次生产技术革命和产业革命（即 18 世纪六七十年代起始的蒸汽机—内燃机革命，19 世纪 70 年代的电气化革命、钢铁产业和铁路运输革命，20 世纪四五十年代以来的核能开发、电子计算机和空间技术产业革命），极大地推进了世界城市化、工业化进程，相伴产生了维护城市公共安全和工业生产安全的技术。

五、现代科技带来的安全问题

随着社会的进步，现代科技发展改变了人类的生存环境，在给人类带来便利的同时，也带来了新的安全问题。

（一）环境安全问题

环境是人类生存和活动的场所，也是向人类提供生产和消费所需要的自然资源的供应基地。环境问题一般指由自然界或人类活动作用于人们周围的环境而引起环境质量下降或生态失调。

环境问题的严重程度超过某个临界值，就会成为环境安全问题。环境问题可分为两大类：一类是由于自然因素的破坏和污染等原因引起的。如火山活动、地震、风暴、海啸等引起的自然灾害，因环境中元素自然分布不均引起的地方病及自然界中放射物质产生的放射病等。另一类是人为因素造成的环境污染和自然资源与生态环境的破坏。在人类生产、生活活动中产生的各种污染物（或污染因素）进入环境，超过了环境容量的容许极限，使环境受到污染和破坏。人类在开发利用自然资源时，超越了环境自身的承载能力，使生态环境恶化，有时会出现自然资源枯竭的现象，这些都可以归结为人为造成的环境问题（如温室效应、酸雨、臭氧层耗竭、淡水资源危机、土地荒漠化、有毒化学品污染、PM2.5 等）。这些问题都会对人类的生产和生活产生不利的影响，因此我们要践行"绿水青山就是金山银山"的发展理念，推进环境保护，把绿水青山建得更美，把金山银山做得更大。

（二）核安全问题

核能的开发和利用给能源危机带来新的希望，但给我们带来了新的伤害。核的可怕之处在于其放射性物质的辐射，可以杀伤动植物的细胞分子，破坏人体的 DNA 分子并诱发癌症。

历史上影响最大的核事故是 1986 年 4 月 26 日苏联切尔诺贝利核电站发生的堆芯爆炸，其辐射泄漏到欧洲很大一部分地区。爆炸的直接后果是 28 人死亡，数十万人从这个地区撤离，当年的事故影响至今还存在[1]。

2011 年 3 月 12 日，日本福岛核电站 1 号机组因地震后冷却系统失控，氢气爆炸，发生核泄漏事故。3 月 14 日，3 号机组又发生爆炸[2]。

---

[1]　青云. 切尔诺贝利核电站事故 [J]. 生命与灾害，2019 (5)：36—37.
[2]　李航，张宏升，蔡旭晖，等. 日本福岛核电站泄漏事故污染物扩散的数值模拟与事故释放源项评估 [J]. 安全与环境学报，2013，13 (5)：265—270.

（三）化工安全问题

化学工业的诞生虽大大地促进了人类社会生产力水平的提高，但它给人类的生存环境也带来了巨大的破坏。首先，化工生产过程涉及多种易燃、易爆、有毒、强腐蚀性危险化学品以及高温、高压等生产条件，具有巨大的潜在危险性。另外，化学品可能污染空气和水源，侵蚀土壤，扰乱大气循环、化学循环和生物循环，使地球患上"综合不适症"。

历史上发生过多起化学事故，如震惊世界的印度博帕尔毒气泄漏惨案。1984年12月3日，美国联合碳化公司在印度博帕尔市的农药厂因管理混乱，操作不当，地下储罐内剧毒的甲基异氰酸酯因压力升高而爆炸外泄，发生事故。45吨毒气形成一股浓密的烟雾，以每小时5000米的速度覆盖了整个博帕尔市区。事故造成近两万人死亡，受害20多万人，5万人失明，孕妇流产或产下死婴，数千头牲畜被毒死①。

（四）航空航天安全问题

航空航天对国家的重要性无与伦比，从军事国防上讲，其具有中流砥柱的地位。随着2022年4月16日9时56分，我国神舟十三号载人飞船返回舱在东风着陆场成功着陆，标志着此次载人飞行任务取得圆满成功，代表我国航天事业取得了巨大成就。但航天工程涉及一个极其复杂的巨大系统，稍有不慎就会导致事故。

历史上曾发生过多起事故，如苏联宇航员科马洛夫，1967年4月24日乘联盟1号飞船返回地面时，因降落伞未打开，成为第一位为航天殉难的宇航员②。1986年1月28日上午11时，美国佛罗里达州航天中心发射场，美国航天飞机"挑战者"号点火升空，之后在离地球15000m高空处，飞机爆炸，机上7人全部遇难，成为航天史上的悲剧③。美国当地时间2003年2月1日上午，载有7名宇航员的美国哥伦比亚号航天飞机在结束了为期16天的太空任务之后，返回地球，但在着陆前发生意外，航天飞机解体坠毁，7名宇航员全部遇难④。1974年3月，一架土耳其DC-10型飞机在巴黎坠毁，346人遇难⑤。同年12月，荷兰一架DC-8型飞机在斯里兰卡坠毁，191人遇难。1977年3月，泛美航空和荷兰航空公司两架波音747飞机在西班牙加那力群岛的洛斯罗德斯机场相撞，582人全部遇难。1980年8月19日，沙特阿拉伯一架L-1011型飞机在首都紧急着陆时失事，死亡265人⑥。2014年3月8日，马来西亚航空公司的MH370，机上239人至今下落不明⑦。2020年1月26日，美国职业篮球联赛（NBA）传奇人物科比·布莱恩特和他13岁的女儿在直升机坠机事故中遇难，机上另外7人一同丧生。2022年3月21日，中国东方航空一架波音737客机在执行昆明—广州航班任务时，于

---

① 潘春华. 印度博帕尔毒气泄漏事件 [J]. 生命与灾害，2019（5）：38-39.
② 何雅. 揭秘苏联航天员科马洛夫之死 [J]. 兰台内外，2012（4）：52-53.
③ 卢江良，王源源. "挑战者号"的末日之旅 [J]. 科学24小时，2016（11）：46-48.
④ 杨冰. 一个小碎片葬送了"哥伦比亚号"——安全没有侥幸 [J]. 现代班组，2017（1）：24.
⑤ 吴臻. 土耳其航空981号航班失事事件——设计缺陷导致重大空难 [J]. 现代班组，2021（1）：28.
⑥ 林贵洋. 恐怖的纪录——世界民航客机坠毁事件 [J]. 世界知识，1985（23）：29.
⑦ 董念清. 国际民航安全法律——基于马航MH370事件和MH17事件的分析 [J]. 北京航空航天大学学报（社会科学版），2015，28（1）：41-52.

梧州上空坠毁，机上 132 人全部遇难①。

（五）交通运输安全问题

交通事故每天都在发生。自 1886 年 1 月 29 日德国人本茨研制了世界上第一辆汽车后，人们的生活变得更加便利。然而，这也引发了许多人为灾害，给人类造成了难以计数的损失。近年来，我国的道路运输发展迅速，运输能力大幅提高，安全状况有所好转，但重特大事故仍然时有发生。如 2011 年 7 月 23 日 20 时 27 分，北京至福州的 D301 次列车行驶至温州市双屿路段时，与杭州开往福州的 D3115 次列车追尾，造成 D301 次列车 4 节车厢从高架桥上掉落，受伤人数 200 多人，死亡人数 40 人②。2011 年 11 月 16 日发生在甘肃正宁县榆林子镇的校车事故，造成 21 人遇难，43 人受伤。

（六）工业矿山安全问题

现代工业是一把"双刃剑"，一方面创造了巨大的财富，另一方面也为人类带来了前所未有的灾害。很大程度上它改变了灾害的原有属性，使许多自然灾害转变为人为灾害，许多危害程度轻的灾害上升为人类无法控制的灾难。

例如，煤矿开采不但给环境带来了巨大灾害，也给采矿工作者造成了沉重伤害。世界上最大的瓦斯爆炸事故是在日本帝国主义侵占我国东北期间的 1942 年 4 月 26 日，辽宁本溪煤矿发生的瓦斯、煤尘爆炸，死亡 1549 人③；1969 年 7 月 13 日，苏联加加林煤矿发生了煤与瓦斯突出，共计突出煤岩 14000 多吨，瓦斯 25 万立方米；1975 年 8 月 8 日，在四川三汇坝井，我国发生了最大一次煤与瓦斯突出，突出煤岩 12780 吨，瓦斯 140 万立方米④；2004 年 10 月 20 日 22 点 10 分，河南省郑州煤业集团公司大平煤矿发生了一起特大瓦斯爆炸事故，造成 148 人死亡，32 人受伤，大部分遇难者均因窒息而亡。

其他行业事故也很多。2012 年 2 月 20 日，鞍钢集团改制参股企业鞍钢重型机械有限责任公司铸钢厂，在浇注水轮机转轮下环过程中发生爆炸事故，造成 13 人死亡，17 人受伤，直接经济损失 3224.0 万元⑤。

2013 年 6 月 3 日 6 时 6 分，吉林宝源丰禽业公司发生火灾，当班工人被困。事故共造成 121 人死亡，76 人受伤，17234 平方米的主厂房及主厂房内生产设备被损毁，造成直接经济损失 1.82 亿元。2015 年 8 月 12 日 22 时 51 分 46 秒，位于天津市滨海新区天津港的瑞海公司危险品仓库发生火灾爆炸事故，本次事故中爆炸总能量约为 450 吨 TNT 当量，造成 165 人遇难（其中参与救援处置的公安现役消防人员 24 人，天津港消

① 王新野，潘盈朵，高文权，等. 影响直升机飞行员飞入 IMC 的心理因素——一项基于三十年间 NTSB 事故报告的研究 [J]. 心理科学，2022，45（1）：156-163.

② 清华大学公共管理学院，中国公共管理案例库. "7·23"甬温特大事故 [EB/OL]. http://case.sppm.tsinghua.edu.cn/.

③ 薛毅. 1942 年本溪煤矿爆炸案考论 [J]. 社会科学辑刊，2018（1）：152-163.

④ 周红星. 突出煤层穿层钻孔诱导喷孔孔群增透机理及其在瓦斯抽采中的应用 [D]. 北京：中国矿业大学，2009.

⑤ 付豪. 机械加工行业安全生产责任风险分析及保险研究 [D]. 沈阳：沈阳航空航天大学，2019.

防人员 75 人，公安民警 11 人，事故企业、周边企业员工和居民 55 人），8 人失踪（其中天津消防人员 5 人，周边企业员工、天津港消防人员家属 3 人），798 人受伤（伤情重及较重的伤员 58 人，轻伤员 740 人），304 幢建筑物、12428 辆商品汽车、7533 个集装箱受损。2015 年 12 月 20 日，位于深圳市光明新区的红坳渣土受纳场发生滑坡事故，附近西气东输管道发生爆炸，导致煤气站爆炸，20 栋厂房倒塌，事故造成 73 人死亡、4 人下落不明、17 人受伤，直接经济损失 8.81 亿元①。2019 年 3 月 21 日 14 时 48 分，位于江苏省盐城市响水县生态化工园区的天嘉宜化工有限公司发生特别重大爆炸事故，造成 78 人死亡、76 人重伤，640 人住院治疗，直接经济损失 19.86 亿元②。2020 年 6 月 13 日，G15 沈海高速（温岭大溪段）发生的槽罐车爆炸事故，炸飞的槽罐砸塌路侧的一间厂房并发生了二次爆炸，事故造成 20 人死亡，175 人入院治疗（其中 24 人重伤），直接经济损失 9477.815 万元③。

近年来，城镇燃气的普及在给人们生活带来便利的同时，也极易引发事故。燃气一旦发生爆炸，就会导致无法挽回的严重后果。2021 年 6 月 13 日 6 时 30 分许，湖北省十堰市张湾区艳湖小区发生天然气爆炸事故，菜市场被炸毁，造成 26 人死亡，138 人受伤④。2021 年 10 月 21 日，沈阳市和平区太原南街 222 号一家烧烤店发生管道燃气泄漏爆炸事故，最终造成 5 人死亡，3 人重伤，49 人轻伤，直接经济损失约 4425 万元。2022 年 1 月 7 日中午 12 时 10 分，重庆武隆区凤山街道办食堂疑似燃气泄漏发生爆炸，导致房屋垮塌，16 人死亡⑤。2022 年 6 月 24 日 9 时 18 分，河北省三河市福成尚街时代广场一商户发生液化石油气瓶燃爆事故，共造成 22 人受伤，其中 2 人经抢救无效死亡⑥。

近年来，国家对安全的重视程度越来越高，全国安全生产形势持续稳定向好，安全生产事故起数和死亡人数都有较大幅度的降低。2022 年 1 月 20 日，应急管理部新闻发言人、新闻宣传司长申展利在应急管理部举行的例行新闻发布会上，通报了 2021 年全国安全生产形势：2021 年事故总量持续下降、较大事故同比下降，重大事故基本持平，未发生特别重大事故。全年共发生各类生产安全事故 3.46 万起、死亡 2.63 万人，与 2020 年相比，分别下降 9%、4%⑦。

从重大事故来看，死亡 10 人以上的重大事故 16 起，同比起数持平，另外还发生 1 起直接经济损失超过 5000 万元的重大事故。这些事故分布在山东、江苏、安徽、河北、山西、吉林、黑龙江、河南、湖北、广东、甘肃、青海、新疆等 13 个省（区），以及道路运输、煤矿、建筑业、水上运输、火灾和燃气等行业领域。从较大事故来看，一些地方和行业领域的事故起数及死亡人数出现"双上升"：辽宁、浙江、福建、山东、云南

① 张小明. 十八大以来中国共产党安全生产理念的发展 [J]. 劳动保护，2021（6）：35−39.
② 崔蔚. 江苏响水"3·21"特别重大爆炸事故调查与启示 [J]. 消防科学与技术，2020，39（4）：570−575.
③ https://www.zhangqiaokeyan.com/academic−journal−cn_oriental−sword_thesis/0201290675636.html.
④ https://www.mem.gov.cn/xw/yjglbgzdt/202109/t20210929.
⑤ https://www.mem.gov.cn/xw/xwfbh/2022n2y14rxwfbh/mtbd_4262/202202/t20220218_408091.shtml.
⑥ http://www.san−he.gov.cn/content/detail?id=22012.
⑦ https://www.mem.gov.cn/xw/xwfbh/2022n1y20rxwfbh/.

5 个省发生的较大事故均超过 20 起且同比"双上升";工贸、水上运输、渔业船舶、烟花爆竹等行业领域发生的较大事故同比"双上升"①。

从重点行业领域事故统计的情况看,主要呈现以下特点:一是道路运输重大事故起数有所反弹,货车、农用车违规载人事故反复发生,客车重大事故和重大涉险事故多发;二是建筑业安全风险居高不下,房屋非法改扩建安全风险加剧,隧道等重大工程施工安全问题突出,农村自建房事故屡屡发生,燃气事故多发且影响大;三是水上运输和渔业船舶重大事故得到了初步遏制,重大事故起数降幅明显,但较大事故有所反弹,违规运输、冒险航行问题突出;四是化工和危险品领域总体稳定,但违法违规储存化学品的问题突出,非法"小化工"屡禁不止,检维修及动火作业事故多发;五是矿山安全生产压力大,非生产矿事故多发,违法盗采多;六是工贸和人员密集场所火灾多发,储能电站等新风险增多。

因此,我们需要清醒地认识到,安全形势仍然比较严峻,安全生产不能放松警惕,需要警钟长鸣,常抓不懈。

第二节　安全的概念及特征

一、相关术语

(一) 组织

在《职业健康安全管理体系要求及使用指南》(GB/T 45001—2020) 中,组织指的是为实现目标,由职责、权限和相互关系构成自身功能的一个人或一组人。组织可以有各种规模、各种类型(营利、非营利性,紧密、松散型,生产和服务型,行政管理等类型),但以最低法人为单位比较容易操作。安全问题是针对确定的组织而言的,发现、分析和解决安全问题都离不开在一定的组织范围内。

(二) 事件

一般情况下,事件可以理解为事物、事项、事情。根据中国矿业大学傅贵教授的观点,安全问题表现出的就是一系列事件,是"组织的存在形式"。分析研究安全问题,以事件作为时空单位,可以是一个确定的点(人的动作、状态,物态)。事件有负效应和正效应两种属性,负效应即损害,正效应可称之为收益。在《中华人民共和国突发事件应对法》中,突发事件指突然发生,造成或可能造成严重的社会危害,需要采取应急处置措施应对的自然灾害、事故灾难、公共卫生事件和社会安全事件。

---

① https://www.mem.gov.cn/xw/xwfbh/2022n1y20rxwfbh/.

（三）损害

损害，即受损失或伤害。一定行为或事件使组织（个人）遭受不利、不良后果或不良的事实状态。西方国家的职业安全只考虑与工作相关的人员伤害和疾病类损害，不考虑其他损害。

（四）事故

事故是发生于预期之外的造成人身伤害、财产或经济损失、环境破坏的事件，是发生在人们的生产、生活活动中的意外事件。在事故的定义中，伯克霍夫（Berckhoff）的定义较著名，他认为事故是人（个人或集体）在为实现某种意图而进行的活动过程中，突然发生的、违反人的意志的、迫使活动暂时或永久停止或迫使之前存续的状态发生暂时或永久性改变的事件（如交通事故、生产事故、医疗事故、自伤事故）。中国矿业大学傅贵教授从安全学科研究的实际需要出发，给出事故的定义：事故是组织根据适用要求规定的、造成确定量损害的一个或者一系列意外事件。负效应用损害来定量表达，并能确切定义事故。事故一定是事件，某个事件经组织按照适用要求（符合相关法律法规的要求）裁量，可能是事故，也可能不是事故。

（五）危险源

在《职业健康安全管理体系要求及使用指南》（GB/T 45001—2020）中，危险源指的是可能导致伤害和健康损害的来源。包括可能导致伤害或危险状态的来源，或可能因暴露而导致伤害和健康损害的环境。现实中，危险源被描述为可能造成损害的潜在因素，与危害因素和危害来源同义。在我国安全生产领域中，危险源不适用于仅涉及对物或财产的损害而不涉及对人的伤害和健康损害的情况。

（六）风险

在《职业健康安全管理体系要求及使用指南》（GB/T 45001—2020）、《风险管理指南》（ISO 31000：2018）中，风险被定义为不确定性对目标的影响。目标有不同的类别，如职业安全健康、环境、经济、政治等，也可以在不同的层面上进行应用；影响是指与预期效果的偏差，可能是积极的、正向的，也可能是消极的、负向的，甚至两者都有，安全风险一般指的是消极的、负向的。

（七）危险

危险是指风险已经处于不可接受水平的状态，是材料、物品、系统、工艺过程、设施或场所对人发生的不期望的后果，超过了人们的预期。

二、安全的基本概念

"安全"是人们在日常生活生产过程中使用极为频繁的词汇。"安全"作为一个汉语语词，在各种辞书中有着基本相同的解释。《现代汉语词典》对"安"字的第4个释义是"平安；安全（跟'危'相对）"，并举出"公安""治安""转危为安"作为例词。但是，在20世纪之前，对于安全概念的理解、界定和研究，多见于各种历史学、哲学、法学和政治学著作中，并没有较系统的论述。20 世纪以来，安全的概念在不同类型的安全主体中被赋予各种不同的含义。例如，在生产安全、交通安全、公共安全、人身安全、社会安全等不同领域中，安全的含义是不同的。

公众观念总是把安全看成是对人而言的，一种观点可认为安全与否主要是从人的身心需要的角度提出来的，是针对与人的身心存在状态（包括健康状况）直接或间接相关的事物而言的。刘潜教授认为，安全是指人的身心免受外界（不利）因素影响的存在状态（包括健康状况）及其保障条件。安全问题的研究对象就是影响人的身心的外界不利因素和破坏其安全存在状态的条件。对于与人的身心存在状态无关的事物而言，就根本不存在安全问题。人的身心存在状态包括人的躯体和心理存在状态，也包括造成这种存在状态的各种外界客观事物的保障条件。假如人的躯体和心理存在状态着眼于人自身内部，那么它属于医学范畴并被医学界界定为健康。关于健康的概念，早在 1948 年就被世界卫生组织做了定义，并获得了科学界的公认：健康是在躯体、精神和社会上的一种完满状态，而不仅仅是没有疾病和虚弱。因此，安全首先是指外界条件使人处于健康的状况。一方面，安全是指在外界不利因素的作用下，使人的躯体及其生理功能免受损伤、毒害或威胁，并使人不感到惊恐、危机或害怕，使人健康、舒适和高效地进行生产、生活、参与各种社会活动，而不仅使人处于一种不死不伤或不病的存在状态。另一方面，安全是指使人的身心处于健康、舒适和高效能活动状态的客观保障条件，即物质的或与物质相关的客观保障因素。我们将人的存在状态和事物的保障条件有机结合起来，就可得出安全的科学概念：安全是指人的身心免受外界（不利）因素影响的存在状态（包括健康状况）及其保障条件。换句话说，人的身心存在的安全状态及其事物的保障条件构成安全的整体。吴超教授在继承和发展了刘潜教授的安全思想基础上，把安全定义为：安全是指一定时空内理性人的身心免受外界危害的状态。他认为：一是要强调安全以人为本；二是不同时期、不同地区、不同国家对安全状态的认同度有很大的不同，应有时空的限定，避免产生混乱；三是指明人受到的危害一定是来自外界的，外界指人—物—环境、社会、制度、文化、生物、自然灾害、恐怖活动等各种事物；四是人受到的外界因素导致的危害（包括身体伤害、心理危害以及身心双重危害）（涵盖职业健康安全）；五是安全一定是存在于一个系统之中，讨论安全问题需要以系统为背景。

另一种观点认为，安全是一种免于危险或没有危险的客观状态。在人们预感到存在或遇到威胁、危险时，自然会联想到安全。因此，不少人从字面上分别解释"安"和"全"，再解释"安全"："安"就是不受威胁、没有危险的状态，即所谓无危则安；"全"是指完满、完整、齐备或指没有伤害、无残缺、无损坏、无损失等，可谓无损则全。这样的解释，古为今用，通俗易懂，但与科技文献中的相关定义无法对应，且"危"和"损"也难以定义，实际运用困难，不利于对具有多样性特征的安全问题进行机理研究和实践创新。安全的定义，目前在安全学界也没有达成共识，但有其共同点，即安全是一种状态、安全是客观的、安全是免予危险或没有危险。因此，安全常指免受人员伤害、疾病或死亡，或避免引起设备、财产破坏或损失的状态。一旦这种状态受到威胁或损害，就产生了安全问题，因此安全问题既涉及人又涉及物。

随着风险概念的引入，人们对安全概念进一步深化，进而将安全定义为"客观事物对主、客观对象造成的风险受到控制，而且这种控制的程度达到人们所控制的程度"。《职业健康安全管理体系规范》（GB/T 28001—2001）对安全的定义是：免除了不可接受的损害风险的状态。傅贵教授认为安全是"风险可接受的状态"。目前现存的概念不够完善，还需要进行更深入的探索，最终从人的有限理性、安全的系统属性、安全的概念属性、安全的限定条件4个方面进行研究并给出安全的定义：安全是一定环境下系统免受不可接受的风险的状态。

无论是在国外还是在国内，都有学者明确将安全感作为安全构成要素。例如，阿诺德·沃尔弗斯（Arnold Wolfers）在《纷争与合作》中指出：安全，在客观的意义上，表明对所获得价值不存在威胁；在主观意义上，表明不存在这样的价值会受到攻击的恐惧。对此，李少军在《论安全理论的基本概念》中指出，所谓安全，就是客观上不存在威胁，主观上不存在恐惧。他还进一步把"主观上不存在恐惧"解释为"安全感"，认为安全不单涉及客观状态，而且还涉及一种心态，即所谓的"安全感"，安全状态包括两个方面，即主观方面和客观方面。客观方面是指外界的现状，而主观方面则是指人们的心态。刘跃进在"'安全'及其相关概念"中指出，"安全"与"安全感"是两个外延完全不同的全异概念，安全是主体的一种客观属性，是客观存在；而安全感则是对主体客观属性的一种浅层次的意识，是一种主观感觉。因此，无论如何都不能把"安全感"归在"安全"名下。

综上所述，安全不仅是一种状态，而且是免于危险或没有危险的客观状态，既包括外在威胁的消解，也包括内在无序的消解。彭鹏在"基于概念的主客观性对安全定义及本质的再认识"中认为，安全是满足人类发展需求且具有客观可持续性的一种存在状态。而安全的本质就是可持续性发展，且要加一个定语"客观"，即客观可持续性发展。因此，安全是主体的一种客观属性，"免于危险"或"没有危险"是安全的特有属性。安全是一种客观状态，对这种客观状态的认识还需要注意两点：一是这种客观状态作为一种实体的属性，总是相对一定主体而言的，因为安全总是与一定的主体联系在一起的；二是这种只能作为属性存在的客观状态的最普遍的特有属性是"免于危险"或"没有危险"。当安全依附于人时，便是"人的安全"；当安全依附于国家时，便是"国家安全"。因此，安全是一种属性而不是一种实体，安全是主体的一种客观属性。

长期以来，对安全的定义既有共识又有分歧。傅贵教授认为，"安全"在理论上怎么定义、得到多少人的认同，其实都没关系。主要原因是：企业或其他社会组织在实际运行时并不是直接使用"安全"这个概念，而是使用发生事故的次数、死亡人数、伤害人数、损失工作日数、经济损失数量等或相应的指标，因此这些指标的含义明确就可以了。这些指标有明确的含义，实际工作就可以顺利进行了。至于什么是"安全"，人们可以长期探讨。

三、与安全相关的概念

人们在研究国家安全、政治安全、军事安全、经济安全、科技安全、生产安全等问题时，总是把一些与安全无关的内容归到安全名下，把一些与安全相关但又不属于安全的概念与安全混淆，导致既不能准确地界定安全及相关的国家安全、科技安全、生产安全等概念，又不能准确地理解和界定相关的安全工作、安全活动、安全价值、安全度、安全感、安全判断等概念。因此，安全工作、安全活动、安全感、安全判断等虽然不能被定义为安全的内涵，但这些问题却是研究安全理论时必须涉及和讨论的。

（一）安全工作、安全活动

从普遍性上讲，安全工作、安全活动等都不同于安全，它们与安全是具有全异关系的不同概念。同时，安全工作与安全活动也是两个不同的概念，但却不是全异关系的两个不同概念，而是具有种属关系的两个不同概念。安全工作是安全活动的种概念，安全活动是安全工作的属概念。从更普遍的意义上讲，工作与活动就是具有种属关系的两个不同概念，工作是外延较小的种概念，活动是外延较大的属概念。工作是活动的一种具体类型，即自觉的活动；而活动则既包括了具有自觉性的活动（工作），又包括了没有自觉性和意识的活动，如动物的本能活动、人及社会组织无意识的盲目活动。

（二）安全价值、安全度

与安全相关的另一个概念是安全价值。安全本身就是一种价值，由于它使主体免于危险，因而有利于主体的生存发展。但是，安全价值却不同于一般性的某物的价值，因为某物的价值是实体价值，而安全价值是属性价值。

安全是一种客观状态，这种状态对主体的生存和发展具有直接的重要作用。安全能够保障生存，促进发展，因此其又表现为一种价值。安全价值与安全一样，也是客观存在的，而不以人或其他安全主体的主观意志为转移。安全是一种价值，但它不同于一般价值之处在于，它是一种属性价值，而非实体价值。安全是描述主体属性的属性概念，而非实体概念。安全不是一个具体的实体，而是实体的一种属性。对于实体和属性来说，其价值表现是不同的。实体价值主要表现在对其他的实体关系中，其价值也就是对其他实体的价值。安全不是一种实体，而是一种属性。因此，安全价值是一种不同于实体价值的属性价值。由于属性价值首先表现在对其所依附的实体关系上，如健康的价值首先表现在对健康的人（或动植物）的关系上，因而安全价值便首先表现在对安全主体的关系上。这就是说，安全价值首先是在对安全主体的关系中表现出来的。因此，安全价值首先是一种满足自我生存需要的自我价值。安全首先表现在对外关系中，其次才表现在对内关系中。与此不同的是，安全价值则首先表现在对安全主体的对内关系中，是主体生存与发展的保障；其次才表现在对外关系中，主要是对外冒险的减弱，对外威胁的减弱。

与安全及安全价值一样客观存在的还有安全度。安全度是一个表示安全程度的概念，表达的是主体免于危险的程度。虽然目前还没有一个统一的量化标准从数量上刻画安全度，但对安全度作一定质的描述还是可以的。例如，主体是完全免于威胁，还是在一定程度上免于威胁，还是处于危险之中，甚至处于极度危险的境地，或者是已经受到具体的内外侵害，这其实就表现了安全的不同程度，即不同的安全度。如果把完全没有危险的安全度界定为 1，把受到内外因素侵害的安全度界定为 0，同时进一步从理论上找到安全度的其他方面的参数，并将这些安全参数量化，那么我们便可以定量地测定安全度了。对此，可以借鉴具体针对不同主体的安全研究中所提出的量化标准（如生产安全中的量化标准、人身安全中的量化标准、交通安全中的量化标准等），寻求一个普遍的安全度的测量标准。安全与不安全是安全度的两种状态。理论和定义中所描述的安全，也就是不受任何威胁且没有任何内患的完全安全状态，即安全度为1的安全为安全的理想态。在现实中，安全度为1的理想安全状态基本上是不存在的，也就是说百分之百的安全在客观上是难以实现的，实际存在的都只能是一定程度的安全，这便是相对安全。当安全不是百分之百时，这种安全便包含着不安全。现实中的安全都是相对的，不安全则是绝对的。安全的概念在理论上指向绝对安全，在现实中可以用来描述相对安全。

（三）安全感、安全判断、安全观、安全理论

安全、安全活动、安全工作、安全价值、安全度等概念表达的都是一种客观情况，其指向的对象或过程都是客观存在的。与此不同的是，与安全概念相关的安全感、安全判断、安全理论等却是对安全的不同形式、不同程度的主观反映。

安全感是主体对自身安全状态的体验及经验性判断。安全感是主体自己的感觉，而不是人们的感觉，因为人们对他人或他物安全的感觉，不能称为安全感。安全感是有特定含义的，它是一种自我感觉，而不是一种认识中的对外感觉。因此，把安全感说成"人们的心态"是不准确的，确切说应该是人们对自身安全状态的心态。第一，安全感不同于安全，安全与安全感是两个不同的概念，且在安全的组成上也不包括安全感。第二，安全感是针对主体自身而存在的，而不是针对其他主体而存在的。第三，安全感是以非理性为主导的体验。在一般情况下，非理性的自我体验是安全感的主要内容，在安全感中占主导地位，而理性的自我判断是安全感的次要内容，在安全感中居于次要地位。第四，安全感与安全的关系比较复杂，两者之间不存在固定的正比或反比关系。一般情况下，安全度的增加会导致安全感的增加，一定程度的安全感来自一定程度的安全度。但是，在有些情况下，安全度高并不意味着安全感高。

安全判断是价值判断的一种形式，是对一定主体的安全程度的认知。安全判断与安全感一样也是客观安全状态的一种主观反映，它不同于安全感的地方在于：第一，安全判断的对象不仅是判断者自身的安全状态，而且还包括了其他对象的安全状态。安全判断是对各种主体安全状态的认知。第二，安全判断在层次上高于安全感，理性思维在安全判断中占据主导地位。第三，安全判断的主要内容是对不同主体安全状态的具体认知和评价，属于价值判断。安全判断通常针对特定主体，且局限于对其安全与否及安全程度的认知和断定。

安全观是对现实安全问题的综合性的理性化认识。第一，它以理性思维为主导，但没有完全排除非理性思维和感知，包括一般的安全感和安全经验，是对安全问题的广泛认识和思考。第二，它不局限于具体的安全对象，而是对现实安全对象和安全问题的普遍认识。第三，它不局限于对安全状态与安全价值的认知，而广泛地涉及现实安全如何形成、如何获得安全等一系列现实安全问题，是对现实安全问题的综合性思考。第四，它的认识重点在安全的现实问题上，而对与现实联系不太密切的一般普遍性的安全理论问题，特别是安全的本质、安全的属性等，并不给予特别关注，或不是其关注的重心，其重心在于现实。

安全理论是对安全基本问题（包括基本理论问题和现实问题）的理论性、系统性的认识与表达。安全观如果上升到系统化、理论化的高度，就成了安全理论。安全理论有两种表现形式：一种是对安全的普遍性问题的思辨性研究，这便是安全哲学；另一种是对安全问题的实证性思考与研究，这便是安全科学。对于安全科学来说，它又分为两个层次：一是用实证方法研究安全的普遍性问题，这便是普通安全学；二是用实证方法研究某些特殊领域的安全问题，这便是具体的安全学科（如国家安全学、公共安全学等），在这些具体的安全学科下，还可以有更具体的安全科学（如治安学、材料安全学等）。

四、安全的特征

安全科学是研究安全的本质和运动规律的科学。安全的本质是反映人、物及人与物的关系，并使其实现协调运转。要认识安全的本质就要深刻地探讨其基本特征。

（一）安全的必要性和普遍性

安全是人类生存的必要前提。安全作为人的身心状态及其保障条件，是绝对必要的。而人和物遭遇到人为的或自然的危害或损坏又是极为常见的，因此不安全因素是客观存在的。人类生存的必要条件首先是安全，如果生命安全都得不到保障，生存就不能维持，繁衍也无法进行。在人类活动的领域中，人们必须尽力减少失误，降低风险，尽量使物趋向本质安全化，使人能控制和减少灾害，维护人与物、人与人、物与物相互间的协调运转，为生产活动提供必要的基础条件，发挥人和物的生产力作用。

（二）安全的随机性

安全取决于人、物和人与物的关系协调，如果相互之间的关系失调就会出现危害或损坏。安全状态的存在和维持时间、地点及其动态平衡的方式等都带有随机性。因而，保障安全的条件相对限定在某个时空中，若条件发生改变，安全状态也将发生变化。因此，实现安全有其局限性和风险性，当然要尽量做到不安全的概率极小（即安全性极高），从而保证安全时空条件的稳定。但是，就当代人的素质和科技水平而言，只能在有限的时空内尽力做到控制事故。如果安全条件发生变化，人与物之间的关系失调，事故会随时发生。

（三）安全的相对性

安全的标准是相对的。人们总是逐步揭示安全的运动规律，提高对安全本质的认识，向安全本质化逐渐逼近。影响安全的因素很多，以显性或隐性表征客观（宏观）安全。安全的内涵引申程度及标准严格程度取决于人们的生理和心理承受的程度、科技发展的水平、政治经济状况、社会伦理道德、安全法学观念、人民的物质和精神文明程度等现实条件。公众接受的相对安全与本质安全是有差距的，现实安全是有条件的，安全标准是随着社会的物质文明和精神文明程度的提高而提高的。

（四）安全的局部稳定性

在现实中，无条件地追求绝对安全，特别是巨大系统的安全是不可能的。但有条件地实现人的局部安全或追求物的本质安全化，则是可能的也是必需的。只要利用系统工程原理调节、控制安全的 3 个要素，就能实现系统的局部稳定，从而实现安全。安全协调运转正如可靠性及工作寿命一样，有一个可度量的范围，其范围由安全的局部稳定性决定。

（五）安全的经济性

安全与否直接与经济效益的增长或损失相关。保障安全的必要经济投入是维护劳动者的生产流动能力的基本条件，包括安全装置、安全技能培训、防护设施、改善安全与卫生条件、劳动防护用品等方面的投入，这些都是保障和再生生产力的前提。安全科学技术作为第一生产力，它不仅通过维护和保障生产安全的运转来提高生产效率，而且作为生产力投入也有其经济价值，如创造的产品本身的安全性能及其可靠性就含有安全的潜在经济价值。另外，安全保障系统不出现危险、伤害和损坏，这本身就减少了经济负效益，也就等同于创造了经济效益。

（六）安全的复杂性

安全与否取决于人、物（机）和人与物（机）的关系，实际形成了人（主体）—机（对象）—环境（条件）运转系统。这是一个自然与社会相结合的开放性系统。在安全活动中，由于人的主导作用和本质属性，包括人的思维、心理、生理等因素以及人与社会的关系（即人的生物性和社会性），使安全具有复杂性。安全科学的着眼点是从维护人的安全的角度去研究整个系统的状态，最终使该系统成为安全系统。

（七）安全的社会性

安全与社会的稳定直接相关。无论是人为灾害还是自然灾害（如生产中出现的伤亡事故，交通运输中的车祸、空难，家庭中的伤害及火灾，产品对消费者的危害，药物与化学产品对人健康的影响，甚至旅行、娱乐中的意外伤害等），都将给个人、家庭、企事业单位或社团群体带来身心伤害和财物损失，这些都会影响社会安定。安全的社会性的一个重要方面还体现在对各级行政部门及对国家领导人或政府高层次决策者的影响。"安全第一，预防为主，综合治理"，反映在国家的法令、各部门的法规及职业安全与卫生的规范标准中，从而使社会和公众受益。

（八）安全的潜隐性

客观的安全由明显的和潜隐的两种安全因素组成，它包括能识别、感知和控制的安全和无把握控制的模糊性安全。所谓安全的潜隐性，是指控制多因素、多媒介、多时空、交混综合效应而产生的潜隐性安全程度。

对各类事物的安全本质和运动变化规律的把握程度，总是受人的认识能力和科技水平限制的。广义安全的含义，不仅考虑不死、不伤、不危及人的生命和躯体，还必须考虑不对人的行为、心理造成精神伤害。如何掌握伤害程度的界限及确定公众能接受的安全标准还有待研究，各种产品（特别是化工产品）、医药、人工合成材料等均有许多潜在危害，需要人们去研究探讨。因此，安全的潜隐性问题亟待人们研究，只有通过实践探索，才能找到实现安全的方法，人类还需要努力使安全的潜隐性转变为明显性。

第三节　安全科学的发展及演进

安全是人类永恒的主题，是人类生存和发展的最基本的需求之一。人类生产和生活的所有活动时间与空间都存在安全问题。因此，它与人类利益联系极为密切。

人类生存、繁衍和发展离不开生产与安全。生产劳动是人类改造自然、征服自然、创造财富的社会活动，既有给人类提供物质财富、促进社会发展的一面，也有给人类带来灾难的一面。这是因为在生产劳动过程中，存在着各种不安全因素和潜在的职业危害。例如，在机械领域的生产过程中，可能发生机械伤害、锅炉和受压容器爆炸、电击电伤、起重运输设备和机动车辆的伤害等事故；铸造、砂轮、电瓷、采矿生产过程中的粉尘可使人患尘肺病；蓄电池生产过程中的铅尘铅烟会导致人类铅中毒；生产设备的噪声、振动等也会危害人们的身体健康；汽车运输导致交通事故等。随着生产工具和生产技术的不断发展，给人类社会带来了新的危害。为了避免这类危害，人类一直在不断探索和积累保护自身的经验，从而逐步产生了劳动保护科学并发展形成了现在的安全科学。可以看出，从安全问题的出现到安全问题的解决，用到的工具和技术及在此过程中不断汲取的经验教训、规律被不断深化认识，安全科学就应运而生了。

一、安全技术的发展

安全及安全技术随着人类社会的不断进步和发展而日益受到人们的关注。

远古时代，原始人为了提高劳动效率和抵御猛兽的袭击，利用石器和木器制造了作为狩猎（即生产）和自卫（即安全）的工具，这是最原始的安全技术措施。随着手工业生产的出现和发展，生产技术的提高和生产规模的逐步扩大，生产过程中的安全问题也随之突出。因此，安全防护器械也发生了质的飞跃。例如，我国古代的青铜冶铸及其安全防护技术都已达到了相当高的水平。从湖北铜绿山出土的古矿冶遗址来看，当时在开采铜矿的作业中就采用了自然通风、排水、提升、照明及框架式支护等一系列安全技术措施。1637年，宋应星在编著的《天工开物》一书中详尽地记载了处理矿内瓦斯和顶板的安全技术："初见煤端时，毒气灼人。有将巨竹凿去中节，尖锐其末，插入炭中，其毒烟从竹中透上。"采煤时"其上支板，以防压崩耳。凡煤炭取空而后，以土填实其井"。从某种意义上说，这就是现在的矿业安全工程的雏形。989年，北宋建筑学家喻皓主持建造汴京开宝寺木塔，塔高13层，每层在塔体周围设置一周帷幕加以遮挡，起到了安全网的作用，以保证安全施工。

防火技术是人类最早开发的安全技术之一。《周易》中有"水火相忌""水在火上，既济"的记载，即水能灭火。在孟元老的《东京梦华录》中，北宋的首都汴京的消防组织就已经相当严密。北宋孔平促在《谈苑》一书中记载了镀金人水银中毒，头手俱颤的现象。明代李时珍在《本草纲目》中记载有采铅人中毒现象——"钻空山穴石间，其气毒人，若连日不出，则皮肤萎黄，腹胀不能依，多致疾而死"。这说明当时我们的先辈就对工业生产中的职业中毒等危害因素有了一定的认识。

16世纪，西方开始进入资本主义社会。18世纪中叶，蒸汽机的发明给人类发展提供了新的动力，使人类从繁重的手工劳动中解脱出来，劳动生产率得到了空前提高。但是，劳动者在工业生产过程中致死、致伤、致病、致残的事故与手工业时期相比也显著增多。工伤事故的频繁发生，促使人们不得不重视安全工作。因此，人们认识到需要在技术上、设备上进行改进，采取措施，防止危害工人的人身安全，保证生产的顺利进行。于是，相继发明了各种防护装置、保险设施、信号系统及预防性机械强度检验方法等。这些伴随新的生产工具和生产技术发展而产生的安全技术为防止工伤事故的发生、改善生产条件创造了前提。与此同时，根据安全工作的需要，许多国家也开始制定劳动安全方面的法律及改善劳动条件的有关规定。如法国北部联邦于1869年制定了工作灾害防治法案等。在法律面前，资本所有者不得不拿出一定资金来改善工人的劳动条件，同时也需要一些工程技术人员、专家和学者研究生产过程中的不安全和不卫生问题，因此，许多国家也先后出现了防止生产事故和职业病的保险基金等组织，并资助建立了无利润的科研机构。如德国于1863年建立威斯特伐利亚采矿联合保险基金会，1887年建立公用工程事故共同保险基金会和事故共同保险基金会联合会等。国家政府部门根据法律也相继建立了研究机构。如1871年德国建立了研究噪声与振动、防火与防爆、职业危害防护理论与组织等内容的科研机构；再如1890年荷兰国防部支持建立了以研究爆炸预防技术与测量仪器，以进行爆炸危险物质鉴定为宗旨的荷兰应用科学研究院工业技术实验室。

20世纪初，许多国家都建立了与安全科学相关的组织和科研机构。随着工业的不断发展，人们除了注意对工业卫生和职业病的防治，还开始从设备和劳动者的生理、心理因素两方面来考虑组织生产的安全工作，并出现了研究人和机器、环境的关系的人机工程学。随着工业技术的高速发展，工业生产过程日益连续化，工业生产规模日益大型化，安全问题也越来越引起社会的重视和关注。这是因为许多大型企业，特别是石油化工、冶金、交通、航空、核电站等，一旦发生事故，将会造成巨大的灾难，不仅会使企业本身损失严重，而且还会殃及周围居民，造成公害。因此，各国对安全技术的研究与应用都给予了很大的重视。例如，为了核电厂的安全，各国从核电厂的设计上、管理上，从国家对其的领导和保障上，均有一整套科学、可行的安全方案，形成了核电厂核安全的根本保障。1988年由国际原子能机构出版的《核电厂基本安全原则》一书，使全世界的核电厂的安全管理及安全运行提高到新的水平，树立了"安全高于一切"的意识和观念。没有安全，核电厂就不可能正常运转。

自古以来，人类就离不开生产和安全这两大基本需求。然而，人类对安全的认识却长期落后于对生产的认识。随着生产力和科学技术的发展，保障安全的必要性、迫切性和实现安全的可能性都在同步增长。纵观人类历史的发展过程，安全技术的发展大致可分为以下四个阶段：

第一阶段是工业革命前，生产力和仅有的自然科学都处于自然和分散发展的状态，人类还未能自觉地认识自身的安全问题和主动采取专门的安全技术措施，从科学的高度来看，这属于"无知"（不自觉）的安全认识阶段。

第二阶段是工业革命后，生产中使用了大型动力机械和能源，伴随而生的危害因素也同步增多，迫使人们对这些局部人为危害问题不得不进行深入认识，并采取专门的安全技术措施，于是发展到局部安全认识阶段。

第三阶段是由于形成了军事工业、航空工业，特别是原子能和航天技术等复杂的大生产系统和机器系统，局部的安全认识和单一的安全技术措施已无法解决这类生产制造和设备运行系统中的安全问题，从而发展了与生产力相适应的系统安全工程技术措施，并进入系统安全认识阶段。

第四阶段是当今的生产和科学技术发展，特别是高科技的发展，静态的系统安全工程技术措施和系统安全认识，即系统安全工程技术已无法很好地解决动态过程中随机发生的安全问题，人们必须更深入地采取动态的安全系统工程技术措施，并进行安全系统认识。这就是当前正在进入的动态安全认识阶段，这个阶段不仅要创立安全科学，还要使安全科学与技术在人类的大科学技术整体中确定独立的科学技术体系，使之在人类整个生产、生活及生存过程中发挥更大的作用。

二、安全科学的诞生

人类在改造与征服自然的过程中，利用自己创造的工具和手段，一步步地揭示了自然界的奥秘，不断地认识自然规律，解释物质世界的各种现象，不断地按照自己的意图安排物质世界，构造所需要的目的物。追溯人类的发展历程，可清楚地看到，人类的发展离不开技术。人类利用技术种地、放牧、伐木、烧炭，人类利用技术采矿、造纸、航海、制造机器。卫星上天、制造计算机、生产机器人，都离不开技术。时至今日，在人类活动的每一个角落，都有技术的存在。没有技术的产生与发展，就没有人类的文明与财富，技术对人类社会的发展作出了巨大的贡献。但是，在技术造福于人类的同时，也给人类带来了伤害和灾难。为了减少或消除技术灾难对人类的伤害，各种安全技术、措施应运而生。

然而，随着现代技术的高速发展，技术的普及化和复杂化程度也越来越高。这种状况使得技术给人类带来的利益与所造成的伤害之间的矛盾日益激烈与尖锐，单靠传统的安全工作方法和单一的安全技术已远不能满足要求。大量的实践与研究表明，事故的发生不仅来源于技术本身的欠缺，而且与人、环境紧密相关（事实上，事故是在人、机和环境系统内出现异常状况的一种结果）。因此，人们认为，只有对生产和生活活动中所应用的技术的可靠性与技术的危险性这一矛盾进行系统的研究，并形成系统的消除、控制技术危险和危害的理论与方法，才能有效地减少或消除技术灾害。

20世纪70年代以来，科学技术飞速发展，随着生产的高度机械化、电气化和自动化，尤其是高技术、新技术应用中的潜在危险常常引发事故，使人类的生命和财产遭到巨大损失。因此，保障安全，预防灾害事故从被动、孤立的低层次研究，逐步发展到系统、综合的较高层次的理论研究，最终产生了安全科学。

安全科学的诞生是现代化生产和现代科技发展的需要与结果，它的诞生是以与它相关的学科理论刊物出版和世界性学术会议召开为标志的。1974 年，美国出版的《安全科学文摘》正式提出了"安全科学"；1981 年，德国库赫曼教授的专著《安全科学导论》发表问世，该书对安全科学的目的、任务、功能及其内容体系作了明确和综合的论述，这一专著对推动安全科学的建立和发展起了重要的作用。1990 年 9 月，在德国科隆市举行了"第一届世界安全科学大会"。国内，1991 年 1 月中国劳动保护科学技术学会创办了安全学科的理论刊物——《中国安全科学学报》，向国内外公开发行。同年 5 月，由 11 个国家 17 名编委共同编辑并已出版了 14 年之久的国际性刊物《职业事故杂志》，在荷兰宣布改名为《安全科学》。高等院校三级学位学科、专业教育的确立：安全工程、卫生工程、职业卫生医学及安全系统工程、安全管理工程等。2011 年我国正式确立安全科学与工程一级学科。

安全科学是一门新的交叉科学，它以系统论、控制论、信息论等现代组织理论和流变论、突变论、协同论等自组织理论作为指导，涉及的系统是一个以人、社会、环境、技术、经济等因素构成的复杂协调系统。

安全科学与工程作为一级学科，其内涵是研究减少或减弱危险有害因素对人身安全健康等的危害、设备设施等的破坏、社会环境等的影响而建立起来的知识体系，为揭示安全问题的客观规律提供安全学科理论、应用理论和专业理论。由此可见，安全学科的发展立足点就是人类免受外界危险、有害因素的伤害，着眼点是在生产、生活、生存过程中创造保障人身安全的条件。作为一门新兴的、交叉的边缘科学，涉及社会科学和自然科学，以及人类生产和生活的各个方面。

安全科学在建立、发展和学科整体化过程中，必须充分运用化学、物理学、生物学、数学、医学、社会学、经济学、法学、管理学、教育学、系统科学及各个工程技术领域的相关知识和理论，对安全科学的理论体系及工程技术进行系统的研究，与相关学科交叉形成安全科学的分支学科（如灾害物理学、灾害化学、灾害医学、灾害学、安全工程学、安全经济学、安全法学、安全心理学、安全系统科学、安全教育学、安全信息学、安全控制技术、安全检测技术、安全逻辑学、事故分析技术等）。

安全科学作为人类探索自然、改造自然、生存和发展的必不可少的一种知识体系，只有以事故为研究对象，以各种危险状态和存在的条件为主要内容，以过程的正常、平衡、平稳、协调为目标，总结各类事故教训才能发展起来。当代事故呈现出的灾难性、社会性和突发性必然导致安全科学的快速发展。

三、国外安全科学的发展与演进

16 世纪，西方开始进入资本主义社会，至 18 世纪中叶，蒸汽机的发明使劳动生产率空前提高，但劳动者在生产过程中致病、致伤、致残、致死的事故与手工时期相比也显著增加。起初，资本所有者为了获得最高利润率，将保障工人安全、舒适和健康的一切措施视为不必要的浪费，甚至还将损害工人的生命和健康，压低工人的生存条件作为提高利润的手段。

后来，由于劳动者的斗争和大生产的实际需要，迫使西方各国先后颁布了劳动安全方面的法律并改善了劳动条件的有关规定。这样，资本所有者不得不拿出一定资金改善工人的劳动条件。同时，需要一些工程技术人员、专家和学者研究生产过程中不安全、不卫生的问题。许多国家先后出现了防止生产事故和职业病的保险基金会等组织，并赞助建立了无利润的科研机构。19 世纪末，英国、德国等早期工业发达国家建立了工厂安全法规，成立了相应的保险机构。1858 年，英国成立了蒸汽锅炉保险公司；1885 年，德国成立了工伤事故保险协会，开创了有组织的安全活动；德国于 1863 年建立了威斯特优利亚采矿联合保险基金会；1887 年建立了公用工程事故共同保险基金会和事故共同保险基金会等；1871 年，德国建立了研究噪声与振动、防火与防爆、职业危害防护理论与组织等内容的科研机构；1981 年，库尔曼出版了《安全科学导论》一书；1990 年 9 月，"第一届世界安全科学大会"召开；1890 年，荷兰国防部支持建立了以研究爆炸预防技术与测量仪器，及进行爆炸性鉴定的实验室。到 20 世纪初，许多西方国家建立了与安全科学有关的组织和科研机构。据 1977 年统计，德国建立 36 个，英国 44 个，美国 31 个，法国 46 个，荷兰 13 个。从内容上看，有安全工程、卫生工程、人机工程、灾害预防处理、预防事故的经济学、职业病理论分析和科学防范等。美国的安全教育发展较快，到 20 世纪 70 年代末，一部分大学设立了卫生工程、安全工程、安全管理、毒物学和安全教育方面的硕士和博士学位。日本在研究安全方面虽起步较晚，但发展却较快，它注重吸收世界各国的经验和教训，在安全工程学这一科学技术层次上进行了研究和发展。到 1970 年，日本大学增设了反应安全工程学、燃烧安全工程学、材料安全工程学和环境安全工程学等 4 个讲座课程，继而又在研究生院设置了硕士课程。至 1977 年，在日本大学中开设相关安全工程学讲座课程或学科总计 48 个，目前日本与安全工程有关的大学教育系和研究机构达 76 个，杂志 36 种，学会和协会 33 个。由于坚持安全工程学的研究和实践，近 20 年来日本产业事故频率、死亡人数逐年下降，持续居世界最低水平，安全工程学在日本日益受到人们的重视。

20 世纪是国外安全科学的迅猛发展时期，大致可分为以下 3 个阶段：

第一阶段：20 世纪初至 20 世纪 50 年代。

在这一阶段，英国、美国、日本等工业发达国家成立了安全专业机构，形成了安全科学研究群体，主要研究工业生产中的事故预防技术和方法。海因利希、格林伍德等学者研究了事故致因理论。

第二阶段：20 世纪 50 年代至 20 世纪 70 年代中期。

第二次世界大战后，随着新型武器装备、航空航天技术和核能技术的发展，以及工业生产的大型化和现代化，重工业事故不断发生，各领域中的安全技术受到广泛重视。同时，系统论、控制论、信息论的发展和应用促进了系统安全分析和安全技术的发展。

这一时期发展了系统安全分析方法和安全评价方法，如事故树分析（FTA）、事件树分析（ETA）、故障模式及影响分析（FMEA）、危险可操作性研究（Hazard Operability Study）、火灾爆炸指数评价方法、概率风险评价方法（PRA）等，提出了事故的心理动力理论，以及社会—环境模型、多米诺骨牌模型、人—机系统模型等事故致因理论。安全工程学受到广泛重视，在各生产领域中逐渐得到应用和发展。

第三阶段：20 世纪 70 年代中期以后。

随着系统安全分析方法和安全工程学的广泛应用与发展，人们逐渐认识到局部安全缺陷，从多学科分散研究各领域的安全技术问题发展到系统综合研究安全基本原理和方法，从一般的安全工程技术应用研究提高到安全科学理论研究，逐步建立了安全科学的学科体系，发展了本质安全、过程控制、人的行为控制等事故控制理论和方法。

1990年，在德国召开了"第一届世界安全科学大会"，来自40多个国家的1400多名代表参加了此次学术会议。Willy J. Geysen在此次大会上发表论文，认为安全科学可以使用MTE（Men-Technology-Enviroment）模型进行解释。安全涉及的元素主要有人、技术和环境以及它们之间的作用，并依据MTE模型对安全的演进历史进行了解释。MTE模型其实概括了安全科学的研究领域，MTE模型元素构成及关系如图1-1所示。

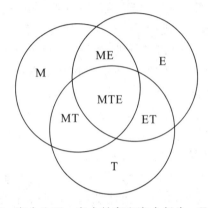

M—人，涉及安全心理、安全生理、安全教育和安全行为；T—技术，涉及可靠性理论、安全技术；E—环境，包括物化环境和理化环境；MT—人机关系、人机设计；ME—人与环境的关系，职业病理、环境标准；ET—环境和技术关系，设计环境监测、自动报警与监控；MTE—涉及安全系统工程、安全管理工程、安全法学、安全经济学

图1-1 MTE模型元素构成及关系

（1）在人类历史早期，MTE模型主要由人和环境组成，灾害主要来自环境。人类为了生存，不得不发挥自身的创造性，并发明一些维持人类生存的早期技术。这些早期技术主要是为了人类能更好地在环境中生存而制造的。

（2）经过长期发展，人类与环境之间的关系发生了变化，从早期的对环境的防御到主动探索环境。此阶段人类和环境基本上还受不到技术的影响，因此技术在陆地生物系统中仅仅是次要因素。

（3）18世纪到19世纪，3种要素之间的关系发生了彻底的变化。新能源的发现促使机器的大规模生产，新的生产工艺直接导致了劳动事故的增加。在此背景下，技术在人—技术—环境三者中成为一个自主的要素。技术也开始被视为对人类有威胁的因素。

（4）由于人类社会越来越复杂，我们面对的安全问题也变得更加复杂。技术对人类产生的影响也慢慢过渡到了技术对环境产生的影响。技术对环境的影响开始影响人类的生存（如早期对煤的使用，导致了空气污染）。今后，还要越来越多地关注和面对MTE模型元素之间的更多互动作用。

由此可见，安全科学已从多学科分散研究发展为系统的整体研究，从一般的工程应用研究提高到技术科学层次和基础科学层次的理论研究。

荷兰代尔夫特理工大学安全科学专业教授 Paul Swuste，于 1980 年开始对安全科学中各种职业及过程伤害中的风险和危险评估进行研究，并对各类行业的安全管理系统的绩效进行评估。他在其讲义中将安全科学的发展总结为"圣诞树模型"（图 1-2）。他认为，安全问题涉及系统外部人员（Outside person）和系统内部人员（Inside person），将安全阶段详细地总结为天灾、人祸、事故易发（可以理解为人的事故倾向）、自动化技术修复、人机界面设计、能力培训、安全管理系统、系统人机工程学、安全文化、恢复力和弹性及到达最后的完全集成、系统思考。

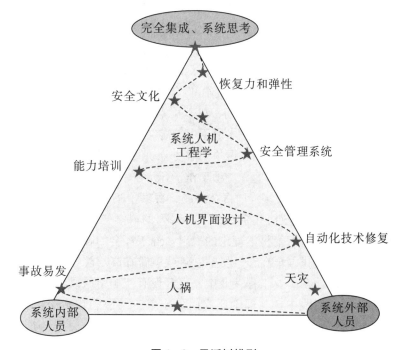

图 1-2 圣诞树模型

从安全科学的演进趋势来看，安全科学的研究正从对硬系统的研究向软系统的研究过渡、从工程技术系统向社会技术系统过渡。安全科学要求在进行安全分析过程中必须有系统的思维，并将安全工程技术和安全社会学结合起来。

由此可见，为了解决生产过程中劳动者的安全和健康问题，国外对安全科学的研究已有足够的深度和广度。这说明安全科学作为一门交叉科学正日益受到越来越多的人的重视。

四、我国安全科学的发展与演进

我国安全科学的发展大致可分为以下 3 个阶段：

第一阶段：新中国成立初期至 20 世纪 70 年代末期。

国家把劳动保护作为一项基本政策实施，安全工程、卫生工程作为保障劳动者的重要技术措施而得到发展。这一时期，为满足我国工业生产发展的需要，国家成立了劳动部劳动保护研究所（后改为北京市劳动保护科学研究所，2021 年 8 月改名为北京市科学技术研究院城市安全与环境科学研究所）、卫健委劳动卫生研究所、冶金部安全技术研究所、煤炭部抚顺煤炭科学研究所、煤炭部重庆煤炭科学研究所等安全技术专业研究机构。发展了防暑降温技术、工业防尘技术、毒物危害控制技术、噪声控制技术、矿山安全技术、机电安全技术、个体防护用品及安全检测技术等。

安全技术的发展表现为：一是作为劳动保护的一部分而开展的劳动安全技术研究，包括机电安全、工业防毒、工业防尘和个体防护技术等。二是随着生产技术发展起来的产业安全技术。如矿业安全技术包括顶板支护、爆破安全、防水工程、防火系统、防瓦斯突出、防瓦斯煤尘爆炸、提升运输安全、矿山救护及矿山安全设备与装置等，都随着采矿技术装备水平的提高而提高；冶金、建筑、化工、石油、军工、航空、航天、核工业、铁路、交通等产业安全技术与生产技术紧密结合，并随着产业技术水平的提高而提高。

第二阶段：20 世纪 70 年代末至 20 世纪 90 年代末。

改革开放以来，中国进入大发展时期，科学技术飞速发展。随着生产的高度机械化、电气化和自动化，尤其是高技术、新技术应用中的潜在危险常常会突然引发事故，使人类的生命和财产遭到巨大损失。生产的发展迫切需要劳动保护工作的支撑与保护，在强烈的社会需求下，安全科学作为一项事业、一项工作，开始在中国科学领域发展起来。

1978 年，召开了全国科技大会，"百花齐放、百家争鸣"的时期真正开始了。1979年到 1980 年，钱学森在全国政协礼堂召开了一系列的科学知识讲座，社会环境促进了安全科学思想的蓬勃发展。安全科学理论的提出，源于社会的客观需要：一是安全专业研究生教育的迫切需要。我国早在 20 世纪 50 年代就曾在高等院校工科本科中设有安全技术类专业或课程教育，在矿业工程专业中一直开设有"矿山通风与安全"课程，但在长期的安全研究和教学实践中，其理论研究尚处于单一的应用技术层次。1978 年，北京市劳动保护科学研究所开始筹建全国第一个安全专业研究生教育机构，1979 年在全国首次招收研究生，并于 1981 年获批成为国务院学位委员会首次颁布的安全技术及工程学科、专业学位授予单位。在创办该研究生教育机构的过程中，首先遇到安全专业知识结构和学科、专业名称以及学科理论问题，开展安全学科理论研究势在必行。二是中国劳动保护科学技术学会（简称学会）的创建与加入中国科协的需要。学会的创立与加入中国科协迫切需要理论依据，这使得安全学科理论问题研究显得非常重要。

我国关于安全科学的建立，可以追溯到 20 世纪 80 年代初。值得铭记的是由当时国家劳动总局领导支持，由中国劳动保护科学技术学会具体组织，对我国安全科学的创建和推动发展产生过巨大作用和影响的，具有历史意义的两次劳动保护科学学科体系学术会议。1982 年于青岛和 1985 年于北京香山召开的两次"全国劳动保护科学体系学术讨论会"上，各领域的专家、学者探讨了劳动保护科学体系的框架结构、层次及学科、专业教育等问题。1982 年，首次提出劳动保护是跨门类综合性横断科学。以刘潜为代表的学者群，较系统地提出了安全科学技术体系结构的设想。

1984 年，学会申请加入中国科协，加入中国科协迫切需要理论依据，使得安全学科的理论问题研究显得非常重要。1985 年，《从劳动保护工作到安全科学（之一）——

发展状况和几个基本概念问题》与《从劳动保护工作到安全科学（之二）——关于创建安全科学的问题》的发表，对创建安全科学学科进行了系统的理论论述，明确了劳动保护和安全二者之间的关系，即前者是后者发挥的作用或功能，并正式提出了安全科学技术体系结构框架。

当初创办安全专业研究生教育时，采用的学科名称为"劳动保护科学"。刘潜明确提出，劳动保护是工作、是政策、是事业，它本身并不能构成一门科学学科的名称。只有以"安全科学"作为学科名称，才能更为准确地概括该学科的科学本质。至此，产生了"安全科学"的学科概念，完成了学科名称从"劳动保护"到"安全"的转变。这不只是名称的更替，而是学科本质的界定与学科产生的历史性跨越，是由一项工作到一项科学的跨越。

随着改革开放的深入和现代化建设的发展，安全科学技术也得到迅猛发展。在此期间已建成了安全科学技术研究院、所、中心40余个，尤其是在1983年9月中国劳动保护科学技术学会正式成立后，加强了安全科学技术学科体系和专业教育体系建设工作。综合性的安全科学技术研究已有初步的基础，一方面，劳动保护服务的职业安全卫生工程技术继续发展；另一方面开展了安全科学技术理论研究。在系统安全工程、安全人机工程、安全软科学研究方面进行了开拓性的研究工作。如事故致因理论、伤亡事故模型的研究，事件树、故障树等系统安全分析方法在厂矿企业安全生产中的推广应用。在防止人为失误的同时，把安全技术的重点放在提高设备的可靠性、增设安全装置、建立防护系统上，以保障劳动者的安全健康和提高生产效率为目的而开展了安全人机工程的研究。在研究改进机械设备、设施、环境条件的同时，也研究了预防事故的工程技术措施和防止人为失误的管理教育措施。同时，产业安全技术得到了进一步发展，传统产业（如冶金、煤炭、化工、机电等）都建立了自己的安全技术研究院（所），开展产业安全技术研究；高科技产业（如核能、航空航天、智能机器人等）都随着产业技术的发展而发展。国家把安全科学技术发展的重点放在产业安全上。核安全、矿业安全、航空航天安全、冶金安全等产业安全的重点科技攻关项目列入了国家计划。特别是我国在实行对外开放政策以后，随着成套设备和技术的引进，对引进的国外先进的安全技术加以消化吸收。如冶金行业对宝钢安全技术的消化吸收，核能产业对大亚湾核电站安全技术的引进与消化等都取得了显著成效。

国家对劳动保护、安全生产的宏观管理也开始走上科学化的轨道。1988年，劳动部组织全国10多个研究所和大专院校的近200名专家、学者完成了对《中国2000年劳动保护科技发展预测和对策》的研究。1983年，在天津成立了中国劳动保护科学技术学会。1984年，在我国高等教育专业目录中第一次设立了安全工程本科专业。1987年，国家劳动部首次颁发"劳动保护科学技术进步奖"。1989年，国家颁布的《中长期科技发展纲要》中列入了安全生产专题。1990年，国家颁布了《安全科学技术发展"九五"计划》和《2010年远景目标纲要》。1991年，中国劳动保护科学技术学会创办了《中国安全科学学报》。1992年，由国家技术监督局发布的《中华人民共和国国家标准学科分类与代码》中，安全科学技术获得了一级学科的地位。1993年，发布的《中国图书分类法》中以X9列出劳动保护科学（安全科学）专门目录。1997年11月19日，人事部和劳动部联合颁发了《安全工程专业中、高级技术资格评审条件（试行）》。

第三阶段：进入 21 世纪，我国安全科学技术进入了新的发展时期。

2002 年，国家经贸委发布了《安全科技进步奖评奖暂行办法》，并进行了首届"安全生产科学技术进步奖"的评奖工作。人事部、国家安全生产监督管理局发布了《注册安全工程师执业资格制度暂行规定》和《注册安全工程师执业资格认定办法》。2003年，科技部的中长期发展规划将"公共安全科技问题研究"列为我国 20 个科技重点发展领域之一。2002 年初，中国矿业大学和西安科技大学的安全技术及工程学科被批准为国家重点学科。2007 年，国务院学术委员会对国家重点学科进行了考核评估和申报，又新增了北京科技大学和中南大学的安全技术及工程学科为国家重点学科。截至 2017年，我国开办安全工程本科专业的高校有 180 多所，拥有安全类博士点的高校 20 多所、硕士点的高校 50 多所，拥有安全工程硕士点的高校 50 多所。

同时，我国安全科学在人的工作能力与机器设备和环境之间的关系中人的可靠性研究、人体疲劳和人为失误的研究，火灾爆炸毒物泄漏等事故机理的研究，机械装备及重大土木工程与水利工程安全性研究，安全管理和安全评价理论和方法研究方面，取得了较多的成果；在工业粉尘危害、毒物危害、辐射危害、噪声危害预防控制技术和装备，尘毒以及易燃易爆气体检测仪器和自动检测系统，矿井瓦斯爆炸、矿井火灾、顶板事故等安全技术和装备，消防产品和消防应用技术，道路交通监控系统等装备的研发方面，均取得了较大的进展。

但是，我国安全科学的基础理论研究在形成安全科学理论体系和方法论之后的几十年中，都比较分散。具体表现为安全科学技术专家、医学家、心理学家、管理学家、行为学家、社会学家和工程技术专业人员等从各自的研究立场出发，以各自的分析方法进行研究，在安全科学的研究对象、研究起点、研究前提、基本概念等方面均缺乏一致性。安全科学也没有形成一个体系。

任何一个学科都有独特的分析方法，在发展过程中人类还会不断地创新分析方法。安全科学作为一门新兴的交叉学科，将在吸纳其他学科分析方法的同时，重整理论体系，夯实理论基础，使其科学性得到不断升华，形成自己的方法体系，使之逐渐成熟。一方面，将继续发展和完善事故致因理论、事故控制理论和安全工程技术方法，更大限度吸收其他学科的最新研究成果和方法；另一方面，随着生产和社会发展的需要，将会深入研究信息安全、生态安全、老龄化社会中的人的安全等问题。在安全管理基础理论与应用技术研究方面，将以建立和完善市场经济条件下的我国安全生产监察和管理体系为中心，形成完整的安全管理学、安全法学、安全经济学、安全人机工程学的理论和方法。在安全工程技术研究方面，将以预防和控制工伤事故与职业病为目的，一方面继续发展产业安全工程技术，另一方面将会大力发展安全技术产业，以满足我国的经济发展和人民生活水平大幅度提高的需要。

五、安全科学研究经历的三个阶段

20 世纪 60 年代至今，人们已意识到安全科学研究的重要性。作为一门新兴科学，其研究已涉及航空航天、核反应堆、冶金、煤炭、建筑、化工、石油、压力容器等各个行业领域。

安全科学研究安全原理、安全科学方法学、公共安全理论与方法、灾害物理、灾害化学、职业病毒理、安全法学、安全经济学、安全行为科学、安全心理学、安全教育学、安全科学学、安全史学、产业风险评价理论与管理方法等。

安全科学的发展经历了经验的事故分析阶段、系统的危险分析与隐患控制阶段、现代的安全科学研究阶段。

（一）经验的事故分析阶段

经验的事故分析阶段的基本出发点是事故，以事故为研究对象和认识的目标。在认识论上其主要是经验论与事后型的安全观，建立在事故与灾难的经历上认识安全，是一种逆式思路（从事故后果到原因事件），因而这种解决安全问题的模式也称为事故型。其根本特征在于被动与滞后，是亡羊补牢的模式，突出表现为一种"头痛医头、脚痛医脚、就事论事"的对策方式。

需要对事故进行分类。按管理要求分为加害物分类法、事故程度分类法、损失工作日分类法、伤害程度与部位分类法等，按预防的需要分为致因物分类法、原因体系分类法、时间规律分类法、空间特征分类法等。

1. 事故型解决程序

事故型解决程序如图1-3所示。

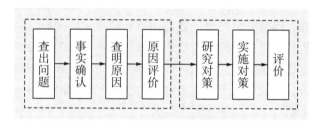

图1-3　事故型解决程序

（1）查出问题：是指对事故及事故隐患等问题的探查，并用事故模型〔如因果连锁模型（多米诺骨牌模型）、轨迹交叉模型、人失误模型等〕来分析事故发生的过程。

（2）事实确认：判定发生事故时和出现隐患时的工作场所及设备状况。

（3）查明原因：找出直接原因和造成直接原因的背景原因，从管理上找出发生事故的本质原因。常用事故频发倾向论、能量意外释放论、两类危险源理论等事故致因理论来分析事故的原因。

（4）原因评价：对发生事故的各种原因进行评价，找出构成原因的各种可能性，并判断采取某种措施的紧急性。

（5）研究对策：从软件（系统分析、人机工程、管理、规章制度等）、硬件（设备、工具、操作方法等）两方面研究排除事故和隐患的措施与方法。必要时，应根据历史的经验教训等进行再评价。

（6）实施对策：将制定的措施计划和方案付诸实施。

（7）评价：检查各项措施实施的情况，必要的措施有无不当之处，在实施过程中有无不合理之处。

2. 事故型解决模式的研究内容

从事故型解决程序可看出，事故型解决模式的主要研究内容为：事故分析（调查、处理、报告等）、事故的发生规律、事后型管理模式、四不放过的原则（即事故原因未查清不放过、事故责任人未受到处理不放过、整改措施未落实不放过、有关人员未受到教育不放过），以事故统计学为基础的致因理论，事后整改对策，事故赔偿机制与事故保险制度等。

3. 事故型解决模式的作用及不足

事故的分析理论对于研究事故规律、认识事故的本质、指导预防事故有重要的意义，在长期的事故预防与保障人类安全生产和生活过程中发挥了重要的作用，是人类安全活动实践的重要理论依据。但是，仅停留在事故分析的研究上，一方面，由于现代工业固有的安全性在不断提高，事故频率逐步降低，建立在统计学上的事故理论随着样本的减少使理论本身的发展受到限制；另一方面，由于现代工业对系统安全性的要求不断提高，直接从事故本身出发的研究思路和对策，其理论效果不能满足新的要求。

（二）系统的危险分析与隐患控制阶段

该阶段以危险和隐患作为研究对象，其理论基础是对事故因果性的认识，以及对危险和隐患事件链过程的确认。这个阶段建立了事件链的概念，有了事故系统的超前意识和动态认识，确认了人、机、环境、管理等影响要素，主张采用工程技术手段与教育、管理手段相结合的综合性措施，提出了超前防范和预先评价的概念和思路。

系统的危险分析与隐患控制阶段最根本的是预防，要事先拟设安全目标或计划安全预期成果。因此，这种解决安全问题的模式也称为预防型，其实施的基础是必要的安全信息。它虽不同于事故型的解决方式，但也具有安全问题解决的一般流程。

1. 预防型解决程序

预防型安全问题解决程序如图1-4所示。

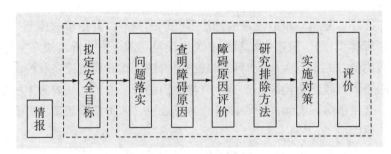

图 1-4 预防型安全问题解决程序

（1）拟定安全目标。安全目标管理，一般由现场或基层单位拟定，报上级批准。在目标中要确定将现行的标准提高到什么水平，将伤亡率或事故严重程度降低到什么水平，如何推动安全生产到某一个更高的水平等。

（2）问题落实。落实安全责任制，确定由何部门、何人负责完成，改善现状需要什么条件，如何创造这种条件等。

（3）查明障碍原因。采用一些系统分析法，如事故树分析（FTA）理论、事件树分析（ETA）理论、安全检查表（SCL）技术、故障模式及影响分析（FMEA）理论等，分析达到安全预期目标所遇到的问题及其相互之间的关系。

（4）障碍原因评价。对系统的危险程度进行安全或风险评价。采用安全系统综合评价理论、安全模糊综合评价理论、安全灰色系统评价理论、风险辨识理论、风险评价理论、风险控制理论等评价造成障碍的各主要隐患的影响，并给出定性和定量结论。

（5）研究隐患的排除与控制方法。采用重大危险源理论、重大隐患控制理论、无隐患管理理论等排除隐患，实现安全目标。

（6）实施对策。从人力、物力、财力上逐一落实所制定的措施。

（7）评价。检查措施的实施状况，并在实施中弥补缺陷。

2. 预防型解决模式的作用及不足

综上所述，采用预防型解决模式，是从更高层次的角度出发，着眼于对事故前期事件的控制，预先发现现有安全管理中存在的问题，并推进现有的安全管理工作，减少和降低事故发生率，促进企业的安全建设工作以及提高职员的安全健康水平，以达到更高的安全目标。由于有了对事故的超前认识，在这一阶段产生了比早期事故学理论更为有效的方法和对策，如失效分析、危险分析、（安全）危险评价、故障树分析、危险控制等基本方法。该阶段充分体现了超前预防、系统综合、主动对策等。但是，这一层次的理论在安全科学理论体系中还缺乏系统性、完整性和综合性。

（三）现代的安全科学研究阶段

现代的安全科学研究以安全系统作为研究对象，建立了人—机—环境—信息的安全系统要素体系，提出系统自组织的思路，确立系统本质安全的目标。通过安全系统论、安全控制论、安全信息论、安全协同学、安全行为学、安全环境学、安全文化建设等科学理论研究，提出在本质安全化认识的基础上全面、系统、综合地发展安全科学。该阶段的理论系统还在发展和完善之中。

1. 主要研究理论成果

（1）安全信息论原理。安全信息是安全活动依赖的资源。安全信息论原理研究安全信息定义、类型，以及安全信息的获取、处理存储、传输等技术。

（2）安全经济学原理。从安全经济学的角度，研究安全的减损效益（减少人员伤亡、职业病负担、事故经济损失、环境危害等）、安全的增值效益（即研究安全的"贡献率"），用安全经济学理论指导安全系统的优化。

（3）安全管理学原理。①管理组织学的原理，即安全组织机构的合理设置、安全机构职能的科学分工、安全管理体制的协调高效、管理能力的自组织发展、安全决策和事故预防决策的有效性和高效性。②专业人员保障系统的原理，即遵循专业人员的资格保证机制，通过发展学历教育和设置安全工程师职称等措施，对安全专业人员给予严格的任职要求；建立兼职人员网络系统，企业内部从上到下（班组）设置全面、系统、有效的安全管理组织网络等。③投资保障机制，研究安全投资结构的关系，正确认识预防性投入与事后整改投入的关系。

（4）安全工程技术原理。根据技术和环境的不同，发展相适应的硬技术原理、机电安全原理、防火原理、防爆原理、防毒原理等。

2. 系统自组织思想和本质安全化

对系统自组织思想和本质安全化的认识，要从系统的本质入手，要求采用主动、协调、综合、全面的方法论。其研究具体表现为：

（1）从人与机器和环境的本质安全入手。人的本质安全不但要解决人的知识、技能、意识素质，还要关注人的观念、伦理、情感、态度、认知、品德等人文素质，从而提出安全文化建设的思路。

（2）物和环境的本质安全化。采用先进的安全科学技术，推广自组织、自适应、自动控制与闭锁的安全技术。

（3）研究人、物、能量、信息的安全系统论、安全控制论和安全信息论等现代工业安全原理。

（4）技术项目中要遵循安全措施与技术设施同时设计、施工、投产的"三同时"原则。

企业在考虑经济发展、进行机制转换和技术改造时，安全生产要同步规划、同步发展、同步实施，即所谓"三同步"原则。还要坚持"三点控制工程""定置管理""四全管理""三治工程"等超前预防型安全活动，推行安全目标管理、无隐患管理、安全经济分析、危险预知活动、事故判定技术等安全系统科学方法。

第四节　安全科学的基本问题

安全科学作为一门新学科，其学科基本问题很多。中国矿业大学的傅贵教授将其基本问题概括为基本概念或名词、研究对象、研究目的、研究内容、研究方法、学科属性、内容边界、基本公理、学科定义，这些一直都是人类热烈探讨而尚无一致性观点的理论问题。

一、安全科学的定义

安全科学是安全科学技术、安全科学与工程、安全科学与工程类科学的总称，安全科学的定义尚没有统一和明确。德国学者库尔曼认为，安全科学的主要目的是保持所使用的技术的危害作用绝对最小化，或至少使这种危害作用限制在允许的范围内。为实现这个目标，安全科学的特定功能是获取及总结相关知识，并将相关发现和获取的知识引入安全工程中。这些知识包括应用技术系统的安全状况和安全设计，预防技术系统内固有危险的各种可能性。比利时学者J.格森认为：安全科学研究人、技术和环境之间的关系，即以建立这三者的平衡共生态为目标。刘潜在《中国安全科学学报》上发表的文章表明：安全科学是专门研究人们在生产及其活动中的身心安全，以达到保护劳动者及其活动能力、保障其活动效率目的的跨门类、综合性科学。西安科技大学的李树刚教授认为，安全科学是认识和揭示人的身心免受外界（不利）因素影响的安全状态及保障条件与其转化规律的学问，即安全科学是专门研究安全的本质及其转化规律和保障条件的科学。傅贵教授则认为，安全科学是关于事故这种客观现象发生、发展规律（原因）的认识的知识体系；安全科学以发生或者未发生的事故为起点，明确事故是安全科学研究的对象。

目前，对安全科学的定义普遍认同的观点有：安全科学是从人的身心免受体外因素危害的角度出发，是对整个客观世界及其规律的认识；其特指研究生产中人、机、环境系统实现本质安全化和随机安全控制的技术和管理方法的工程学；研究事物的安全与危险矛盾运动规律的学问，研究事物安全的本质规律，揭示安全相对应的客观因素和转化条件，研究预测、清除或控制事物安全与危险影响因素和转化条件的理论和技术；研究安全的思维方法和知识体系。

总结来讲，安全科学是认识和解释人们免遭不可接受风险的状态与其转化规律的学问，即专门研究安全的本质及其转化规律的科学，具体可以从以下 4 个方面来理解：

（1）安全科学是对安全问题准确的判断。在人类活动中，会遇到各种安全问题，为探索危险和事故出现的原因及发生的条件，需要借助安全科学作出准确的判断。

（2）安全科学是安全、危险及事故规律等在人们头脑中的反映和正确认识。了解、掌握危险和事故的本质与规律，概括、系统地描述危险及事故本质和规律，并形成理论体系。这种规律在安全知识体系中占据中心位置，是知识体系的枢纽。

（3）安全科学是安全问题的知识单元通过其内在联系而建立起来的知识体系，是当代社会经济、科学技术高度发展而出现的一种科学方法、科学理论，也是人类掌握自然规律，求得继续发展和有效发展的武器和工具。只有把安全科学看成一种方法、一种手段，并为人们所运用才有实际意义。

（4）安全科学是整个科学体系的延续和发展，是科学体系中不可缺少的一部分，是一种必然的社会现象。安全科学同其他科学一样，具有社会文化和社会进步功能，是社会和经济发展的一种推动力。安全科学是一个连续发展的社会经济过程，它随着社会经济的不断发展而发展。

二、安全科学的研究对象

事故预防是安全研究的出发点和终点，因此安全科学研究的目的是以事故预防为核心的，安全科学要分析事故发生的原因和规律，然后利用规律做好事故预防。

从根源上讲，事故灾害是人、技术、环境综合或部分欠缺的产物。从利益角度来看，人类安全活动所追求的是保护系统中的人、技术、设备及环境。从实现安全的手段来看，除了技术措施，还需要人的合作和环境的协同。因此，安全科学研究的安全系统是人、物、环境构成的复杂系统。人，即安全人体，是安全的主体和核心，是研究一切安全问题的出发点和归宿。人既是保护对象，又可能是保障条件或者危害因素。没有人的存在，就不存在安全问题。物，即安全物质，可能是安全的保障条件，也可能是危害的根源。能够保证或危害人的物质存在的领域很广，形式也很复杂。人与物的关系，广义上来讲是人安全与否的纽带，既包括人与物的存在空间和时间，又包括能量与信息的相互联系。因此，把安全人与物的时间、空间与能量的联系称为安全社会；安全人与物的信息与能量的联系称为安全系统。安全三要素，即安全人体、安全物质、安全人与物，还可将安全人与物分为安全社会和安全系统，后称安全四要素。

三、安全科学的研究内容

安全科学主要是研究事物安全与危险矛盾运动规律的科学。它是以研究安全与危险的发生、发展过程，揭示事物安全与危险的原因及后果以及它们之间特有的相互关系，运用基础工程等相关学科对事物或系统综合功能的丧失机理进行分析和研究为手段，以灾害事故的预测、防治和评价为研究目的的科学。具体来说，安全科学研究的内容主要有以下4个方面。

（1）安全科学的哲学基础。马克思主义哲学是人类认识和解决问题的世界观和方法论，确定安全科学的哲学观是研究安全的基础。只有确立了正确的安全观和方法论，才能正确地分析安全问题，解决安全问题，建立安全科学的本质规律，为人类社会所面临的安全问题提供科学的指导方法。

（2）安全科学的基础理论。人类面临的安全问题多种多样，都有各自的特殊规律，但在安全的本质问题上有其共性的规律。安全科学的基础理论，就是在马克思主义哲学的指导下，利用现阶段各基础学科的成就，建立事物共有的安全本质规律。

（3）安全科学的应用理论与技术研究。安全科学的应用理论与技术包括研究安全系统工程、安全控制工程、安全管理工程、安全信息工程、安全人机工程和各专业领域的安全理论与技术问题。

（4）安全科学的经济规律。其主要研究安全经济的基本理论，职业伤害事故、经济损失规律，安全效率评价理论，安全技术经济管理与决策理论。

四、安全科学的学科特征

安全科学的学科特征可以从其学科目标、内在结构、科学体系与性质特点4个方面来进行考查。

（一）学科目标

安全科学以满足人类自我生存欲望和实现人的身心健康作为其科学目标，与医学科学有着共同的学科理想，就是为人类的健康与长寿服务。

（二）内在结构

安全科学具有理论与实践辩证统一的二元结构，其理论是来源于实践并可以指导实践的理论，其实践是在理论指导下并可以检验或修正理论的实践。安全科学理论与实践相统一的二元结构，联系其实现安全的学科目标，就形成了安全科学理想、科学与实践三位一体的学科核心内容。

（三）科学体系

安全科学的核心研究内容揭示出安全科学的科学体系，其至少有以下 4 个分支学科。①安全科学学，指对安全科学创建与发展的规律性认识，其科学任务是为安全科学及其分支学科的创建与发展提供客观的理论指导。②安全应用科学，是为解决安全问题而建立起来的安全科学分支，其科学任务是为实现安全科学的学科理想提供行为规则。③安全学科科学，是为探索安全规律而建立起来的安全科学分支，其科学任务是为判断安全科学的学科理想与行为规则是否符合客观规律而进行理论论证。④安全专业科学，是为培养安全人才而建立起来的安全科学分支，其科学任务是为了实现安全科学的学科理想，以及为此提供行为规则并进行理论论证，培养合格的专业人才。

（四）性质特点

安全科学具有综合科学的科学性质，并由此决定了它本身的基本特点：①目的性，安全科学以满足人在生理或心理上的安全需要作为自己独特的科学目的；②系统性，安全科学的目的本身就构成了一个明确的目标系统；③复杂性，安全科学的目标系统由于人也参与其中而成为一个非线性的复杂系统；④整体性，安全科学的非线性复杂的目标系统，由于要从整体上克服非线性的系统缺陷，在与周围环境条件的信息交换过程中，成为一个开放型的非线性复杂系统。

安全科学在建立、发展和学科整体化过程中，必须充分运用化学、物理学、生物学、数学、医学、社会学、经济学、法学、管理学、教育学、系统科学以及各个工程技术领域的相关知识、理论，对安全科学的理论体系及工程技术进行系统性的综合研究，与相关学科交叉形成安全科学的分支学科，如灾害物理学、灾害化学、灾害医学、灾害学、安全工程学、安全经济学、安全法学、安全心理学、安全系统科学、安全教育学、安全信息学、安全控制技术、安全检测技术、安全逻辑学、事故分析技术等。

五、安全科学的学科分类

（一）学科体系模型

目前，安全科学已经在多个政府部门设置的学科分类目录中被设为一级学科。安全科学是一门大交叉综合学科，具有大交叉综合属性，这些属性决定安全学科构建的思想基础是安全系统科学思想，安全系统具有特定的目的性、功能系统性、复杂非线性和整体综合性等特性。安全学科的属性和特性对安全学科的体系构建具有客观的决定作用。因此，不同的研究者可从不同的视角和应用目标出发，构建出不同的安全学科体系。从学理上分析，安全学科体系构建属于安全科学学的课题，研究者要有科学学的思想。研究者在构建安全学科体系时，其基本思路大致有以下 8 种：基于哲学—基础科学—应用科学的分类思路，基于学科层级或层次分类的思路，基于学科知识类型分类的思路，基于某一应用目的的思路，基于安全理论模型拓展的思路，基于信息和方法等分类拓展的思路，基于安全在某一时空范围的思路，基于安全实践经验的思路。

基于哲学—基础科学—应用科学的传统学科知识分类的思路，构建安全学科体系模型（表1-1）。这个模型实际上等同于一个安全学科体系。模型表明：安全科学的横向理论层次为哲学层次（马克思主义哲学，其桥梁是安全观）、基础科学层次（安全学）、技术科学层次（安全工程学）、工程技术层次（安全工程），是安全工程到安全哲学方向的理论升华。安全学科的4个纵向分支学科是安全人体学（人的因素）、安全设备学（物的因素）、安全社会学（人与物关系的因素）、安全系统学（三要素内在联系的因素）。这4个纵向分支学科各自表现在基础科学、技术科学和工程技术3个层次上，并形成安全学科专业教育的3个层次，即培养安全科学基础理论研究人才的教育、培养安全技术科学研究人才的教育、培养侧重各类行业安全技术与管理工程人才的教育。

表1-1　基于哲学—基础科学—应用科学的分类思路的安全学科体系模型

哲学	基础科学	应用科学				
		技术科学		工程技术		
马克思主义哲学	安全学	安全设备学（自然科学类）	安全设备工程学	安全设备机电工程学	安全设备工程	安全设备机电工程
				安全设备卫生工程学		安全设备卫生工程
		安全社会学（社会科学类）	安全社会工程学	安全管理工程学	安全社会工程	安全管理工程
				安全经济工程学		安全经济工程
				安全教育工程学		安全教育工程
				安全法学		安全法规
				……		……
		安全系统学（系统科学类）	安全系统工程学	安全运筹学	安全系统工程	安全运筹技术
				安全信息论		安全信息技术
				安全控制论		安全控制工程
		安全人体学（人体科学类）	安全人体工程学	安全生理学	安全人体工程	安全生理工程
				安全心理学		安全心理工程
				安全人机工程学		安全人机工程

（二）本科专业目录

《普通高等学校本科专业目录》是高等教育工作的基本指导性文件之一，它规定专业划分、名称以及所属门类，是设置和调整专业、实施人才培养、安排招生、授予学位、指导就业、进行教育统计和人才需求预测等工作的重要依据。《普通高等学校本科专业目录（2012年）》教育部以教高〔2012〕9号文件发布。该目录将安全科学与工程从原来的环境与安全类中分离出来，独立成为安全科学与工程类（一级学科），在安全科学与工程类下设置了安全工程专业。安全科学与工程类代码0829，该类下只有一个学科叫作安全工程（相当于二级学科），代码082901。

2020年2月21日，教育部发布《普通高等学校本科专业目录（2020年版）》，该专业目录是在《普通高等学校本科专业目录（2012 年)》基础上增补了近年来批准增设的目录外新专业。2021 年 2 月，教育部又对该目录进行了更新，公布列入普通高等学校本科专业目录的新专业名单。目前，安全科学与工程类下有 3 个学科：安全工程（082901）、应急技术与管理（082902T）、职业卫生工程（082903T）。

（三）学位授予与人才培养

《学位授予和人才培养学科目录》分为学科门类和一级学科，是国家进行学位授权审核与学科管理、学位授予单位开展学位授予与人才培养工作的基本依据，适用于硕士、博士的招生和培养、学位授予，并应用于学科建设和教育统计、分类等工作中。2011 年修订的《学位授予和人才培养学科目录》把我国所有的学科分为 13 个门类，授予 13 种学位，各门类下又设有一级学科，其中工学门类的代码是 08，安全学科从原来矿业工程下的二级学科单列出来成为安全科学与工程，是工学门类下的第 37 个一级学科，其下的二级学科经多次讨论依然没有确定性结论。该目录在 2020 年 12 月被再次更新。

（四）《学科分类与代码》分类

国家标准《学科分类与代码》（GB/T 13745—2009）于 2009 年 5 月 6 日发布，2009 年 11 月 1 日正式实施。它是我国目前唯一一个用于科技统计的学科分类标准。该标准将所有学科分为五大门类，其中设有工程与技术科学门类，安全学科被列为其下的一级学科，名称为安全科学技术，列在理工类学科之后、人文类学科之前，被视为文、理综合学科。安全科学技术学科由安全科学技术、基础安全社会科学、安全物质学、安全人体学、安全系统学、安全工程、技术科学、安全卫生工程技术、安全社会工程部门、安全工程学科、公共安全和安全、科学技术、其他学科等 11 个二级学科组成，二级学科下又设置了 52 个三级实质性学科。

（五）国家自然科学基金学科分类目录

国家自然科学基金委员会及科学网将安全学科归为工程与材料科学部领域的冶金与矿业学科，叫作安全科学与工程。

六、安全科学与其他学科的关系

安全科学是自然科学和社会科学交叉协同的一门新兴学科，具有跨行业、跨学科、交叉性、横断性的特点。科学技术的发展和实践表明，安全问题不仅涉及人，还涉及人可利用的物（设备）、技术、环境等，是一种物质—社会的复合现象，而不是单纯依靠自然科学或工程技术科学就能够完全解决的。

安全科学的知识体系涉及以下 5 个方面：

（1）与环境相关的物理学、数学、化学、生物学、机械学、电子学、经济学、法学、管理学等；

（2）与安全基本目标和背景相关的经济学、政治学、法学、管理学以及有关安全的方针政策；

（3）与安全有关的生理学、心理学、社会学、文化学、管理学、教育学；

（4）与安全有关的哲学及系统科学；

（5）基本工具包括应用数学、统计学、计算机科学技术等。

除此以外，安全科学的知识还要与相关行业领域的背景、生产知识相结合，才能达到保障安全、促进经济发展的目的。目前，与安全科学关联程度较大的有自然科学、工程技术科学、管理科学、环境科学、经济科学、社会学、医学科学、法学、教育学、生物学等。一般来说，安全科学仍然以工业事故、职业伤害和技术负效应等为研究对象，灾害学则以自然灾害为主要研究对象，两者之间有交叉。

综上所述，安全科学与其他相关学科的关系如图1-5所示。安全科学研究的底层是系统科学与哲学。研究的第二层是相互交错的相关的自然科学、管理科学、环境科学、工程技术科学等，它们构成了安全科学可利用和发展的基础。基于第二层之上的是人类社会生存、生活、生产领域普遍涉及和需求的具有共性指导意义的安全技术及工程，其理论和技术具有较强的可操作性，且可充分利用其下各学科对人类社会活动影响的规律性，总结发展其自身的理论基础和工程技术。

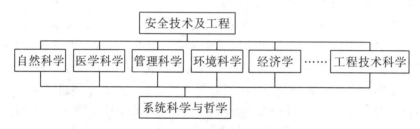

图1-5　安全科学与其他相关学科的关系

第五节　安全科学的研究方法

科学研究方法是用来解决难题的程序，或者说是用来逐步理解某些自然现象的程序。科学研究方法是获得大自然信息（知识）的这样的一类方法：首先提出可能解决问题的方案，然后通过严格的试验确定这些解决方案是否有效（有意义、令人信服、可靠、满意、得到公众认可）。任何一项科学研究都离不开研究方法的支撑，没有研究方法的科学研究是不存在的。任何一门学科都有一定的研究方法，且研究方法也不断推陈出新，在某种意义上，有什么样的研究方法，就有什么样的科学研究。对于安全学科来说，由于其学科具有综合性、复杂性、交叉性特点，因此，安全科学研究离不开自然科学和社会科学的研究方法。

一、研究

研究是发现新知识，或者是对现有知识进行更深层次理解的活动。通常，研究需要缓慢向前推进，而不是一蹴而就。希望通过研究能够解决所有问题的想法是不现实的，研究不等同于数据收集，它是一个包括数据收集、数据分析，以及得出结论的完整过程。绝大多数研究都以精确的观察为基础，研究可以分为自然科学和社会科学两类。自然科学是研究自然界中的有机物或无机物及其现象的科学，又可以被进一步细分为物理学、化学、天文学、生物学及地球科学等。社会科学是研究人类社会各种现象的科学，又可以被进一步细分为政治学、经济学、军事学、法学及教育学等。

二、研究方法及技术

方法论涉及的主要是社会研究过程中的逻辑和哲学基础。研究的方法体系分为 3 个层次：方法论、研究方式、具体方法及技术。研究方式是指贯穿于研究全过程的程序和操作方式，以及研究的主要手段与步骤。研究方式包括研究方法和研究设计类型。

科学研究方法的使用，以如下假定为前提：①在自然界观察到的事件都有其发生的原因；②事件发生的原因是可以找到的；③自然界发生的事件可以用一般规律或模式来描述；④重复发生的事件可能有同样的原因；⑤一个人能做到的实验结果，别人也能重复；⑥基本的自然规律的应用与事件发生的地点、时间无关。因此，科学研究方法属于理想状态下进行的方法，或称经典的科学研究方法。

研究方法主要包括调查研究、实验研究、实地研究、文献研究。研究设计类型分类如下：按照研究目的分为描述性、解释性与探索性研究，按照研究时性分为横剖研究与纵贯研究，按照研究对象范围分为普查、抽样调查和个案调查研究。研究方法与模型是指研究的各个阶段所使用的具体方法和技术，主要包括数据收集方法、数据的定性分析和定量分析方法及模型。

三、定量研究

定量研究是指研究者事先建立假设，并确定具有因果关系的各种变量，然后使用某些定量研究方法利用检测的工具对这些变量进行测量和分析，从而验证研究者建立的假设是否成立。定量研究方法起源于自然科学，早期被用于研究自然现象，主要包括调查研究、实验研究等。其中调查研究，是从不同地理位置的大量调查对象处收集数据的一种研究方法。它不仅适用于特定人群，也适用于非生命体。其通常采用统计、线性规划两种分析方法，同时还包括非线性规划及复杂性科学。一般分为获得数据、数据预分、数据分析和分析报告 4 个阶段。在定量研究方法中，主要的数据收集技术包括客观测量和问卷调查。

四、定性研究

定性研究还没有一个统一的定义。国外学术界一般认为定性研究是指在自然环境中，使用实地体验、开放型访谈、参与性与非参与性观察、文献分析、个案调查等方法对社会现象进行深入细致和长期的研究；分析方式以归纳为主，在当时当地收集第一手资料，从当事人的视角理解他们行为的意义和对事物的看法，然后在这一基础上建立假设和理论，通过证伪法和相关检验等方法对研究结果进行检验；研究者本人是主要的研究工具，其个人背景及其和被研究者之间的关系对研究过程和结果的影响必须加以考虑；研究过程是研究结果中必不可少的一部分，必须详细记载和报道。简而言之，定性研究方法是由访问、观察、案例研究等多种方法组成的，原始资料包括场地笔记、访谈记录、对话、照片、录音和备忘录等，目的在于描述、解释事物、事件、现象、人物等，以更好地理解研究问题的研究方法。其主要包括行为研究、案例研究、人种学研究及扎根理论。

（1）行为研究。行为研究被设计用来研究行为变化对现实的影响，行为研究具有螺旋循环过程，能够引入变化。行为研究可以帮助研究人员积极投入研究背景，同时也有助于工作现场执行。

（2）案例研究。案例研究是指针对一个实例的详细研究。所有个人、社会群体、组织者都可以是案例，同时案例通常又是特定类别中的典型代表。

（3）人种学研究。人种学研究是指融入所要研究的社会和文化中进行观察的研究方法，它由人类学家提出并发展，现在也被应用于研究小型群体。人种学研究的主要目的是认识所面临的问题，找到解决问题的办法。进行人种学研究存在以下 3 点问题：需要花费大量时间、研究人员必须被研究对象所接受、研究对象的代表性可能受到质疑。

（4）扎根理论。扎根理论是由芝加哥大学的 Barney Glaser 和哥伦比亚大学的 Anselm Strauss 于 1967 年提出的一种研究方法。扎根理论认为：理论源于数据，是数据的一部分；构建理论的过程是数据收集过程的一部分。扎根理论有助于将理论和现实更好地联系起来。

五、安全科学研究方法论

科学研究的方法论就是探讨科学研究的发生、形成、检验以及评价等方法论问题，在理论与实践之间架起一座桥梁。科学研究方法论所研究的对象包括人们进行科学研究的知识结构、运用的物质工具和运用这些物质工具的方法、进行科学研究所依据的理论成果等，这一切都与人们的思维方式有关，科学研究方法论实则是一门思维科学。

安全科学研究应以马克思主义哲学的世界观和方法论为指导，探索安全科学研究的方法论问题。例如，就公共安全而言，范维澄院士提出，对于公共安全的研究有特定的方法学，将其归纳为"4+1 工作法"。一是确定性方法，如为什么能够预测台风行走的路径、登陆时的强度？是因为它满足物质不灭定律、动量方程、能量规律等基本规律。二是随机性方法，此方法基本依靠对历史数据的统计、关联和分析进行研究。三是基于数据的方法，如进行多源信息的融合与信息的挖掘。无论是确定性方法还是随机性方法，在实施过程中都有可能带来误差，可以通过获取实时数据，修正原来的确定性方法给出的预测误差。四是复杂性科学方法，如混沌方法与复杂系统理论等。而"4+1 工作法"中的 1 是指由这四类方法相互嵌入形成的综合性方法。

　　安全科学研究方法论与其他学科一样，都是在通适的方法论（包括哲学方法论和一般方法论）的指导下，结合各学科特点所形成的包含通用方法论和具体方法论的复合方法论。安全科学研究方法论虽属于具体方法论，但就安全学科本身而言，其包括了安全哲学方法论、一般安全科学方法论和具体的安全工程技术方法论。近年来，吴超教授及其研究团队致力于安全科学研究方法学和方法论的研究，开展了安全系统学方法论、安全科学原理方法论、风险管理方法论、安全物质学方法论、安全人性学方法论、安全统计学方法论、比较安全学方法论、比较安全伦理学方法论和安全文化学方法论等一系列研究，取得了不少成果。目前，安全科学及其研究方法处于不断发展中，有待广大安全人的共同努力和探索。

思考题

1. 如何理解安全？
2. 如何理解安全的特征？
3. 如何理解安全科学的研究内容？
4. 如何理解安全科学和其他学科的关系？

第二章　安全哲学原理

安全哲学是人类安全活动的认识论和方法论，是安全科学最顶层和最高级的原理，是安全科学理论的基础，是安全社会科学和安全自然科学的理论核心，安全哲学对安全科学的发展具有重要的意义。

第一节　安全的哲学基础

安全是人类生存和发展的最基本要求。从原始社会的洪水猛兽到近现代工业所造成的各种灾难，都对人类生存造成了极大的威胁。人类为保全自身的安全，对客观事物及其规律进行了认识并产生了结果，于是就出现了安全科学。安全科学上升到哲学层次，即产生了安全哲学。安全哲学具有反映和反思安全与人的关系，使安全观理论化和系统化的主要功能，同时具有方法论的意义，是处理安全与人之间关系的准则，对人们的安全思想和安全行为起着激励、规范的作用。其可以分为 4 个阶段：宿命论和被动型的安全哲学、经验论和事后型的安全哲学、系统论和综合型的安全哲学以及本质论和预防型的安全哲学。

安全哲学是以马克思主义哲学为基础的。马克思主义哲学主要体现在自然辩证法、唯物观和实践观。自然辩证法是马克思主义哲学的主要组成部分。它主要由三个基本规律构成，即对立统一规律、质量互变规律、否定之否定规律。它包括原因和结果、必然性和偶然性、可能性和现实性、内容和形式、现象和本质五个范畴。这些规律和范畴在安全科学中都有具体的体现，如安全与危险的对立统一，安全与生产之间看似矛盾、实则统一的问题，绝对安全与相对安全的辩证统一等都是对立统一规律的具体表现；安全科学中的流变—突变规律是质量互变规律的具体体现。

一、安全与危险的统一性与矛盾性

安全与危险在所要研究的系统中是一对矛盾，它们相伴存在。安全是相对的，危险是绝对的。

（一）安全的相对性

（1）绝对的安全状态是不存在的，系统的安全是相对于危险而言的；

（2）安全对于人的认识和社会经济的承受能力而言，抛开社会环境讨论安全是不能实现的；

（3）安全对于人的认识具有相对性，人的认识是无限发展的，对安全机理的认识也在不断深化。

（二）危险的绝对性

危险存在于一切系统的任何时间和空间中。事物从诞生起危险就存在，中间过程中危险可能变大或变小，但不会消失。

（三）安全与危险的矛盾性

安全与危险是一对矛盾，具有矛盾的所有特性。

（1）双方相互反对，相互排斥，相互否定，安全度越高，危险就越小。

（2）安全与危险两者相互依存，共同处于一个统一体中，存在着向对方转化的趋势。

二、安全科学的联系观与系统观

唯物辩证法一个显著的特征是客观世界普遍联系的观点。在系统中，对安全和危险造成影响的因素很多，关系也错综复杂。安全科学要反映对安全与危险造成影响的因素的内在规律，必须全面地分析各要素，利用各个学科已取得的成果，对开放的大系统进行分析，找出安全的客观规律和实现途径。在多种原因中，要注意区分主要原因和次要原因、内因和外因、直接原因和间接原因、客观原因和主观原因等。

根据安全科学的特点，必须用系统的观点进行分析。系统最大的特点就是其整体性，系统的整体性是由各个要素综合作用决定的，是系统内部各要素相互作用、相互联系产生的某种协同效应，因此为了让系统的总体功能向有利的方向发展，必须对各要素统筹兼顾，增加安全因素的整体功能，削弱危险因素的整体功能。在安全这个复杂的大系统中，有些要素处于主导地位和支配地位，有些要素处于从属地位和被支配地位，应注意各要素之间的关系，以利于实现系统的整体安全。

三、安全中的量变与质变

哲学中的量变与质变，在安全科学中表现为流变与突变。安全流变是事物损伤随时间的渐变积累演化的描述。安全突变是事物缺陷随时间的渐变积累演化达到事物自身极限后的瞬变过程的描述。

恩格斯在《自然辩证法》中研究了流变和突变的范畴，认为流变是一种缓慢的变化过程，突变则是流变过程的中断，是质的飞跃。流变和突变是量变和质变在自然界中的具体表现。

因此，流变和突变的范畴与量变和质变的范畴属于不同的层次。一般来说，流变相当于量变，突变相当于质变。由此可见，无论是量变还是质变，都可能出现流变和突变两种形式，都是流变和突变的统一。其统一性主要表现在以下三个方面：

（一）流变和突变的相对性

作为一对对立的概念，流变与突变是相互依存的。在安全科学的研究中，没有绝对的流变和突变。离开了流变，就无所谓突变；离开了突变，流变也无从谈起。

事实上，划分出流变和突变的界限是很困难的，因为事物的发展总保持自身的连续性，在一切对立概念所反映的客观内容中存在中间过渡环节。因此，从这个意义上讲，一切对立都是相对的。如河流的水位总在一定的范围内变化，没有超过河床，就什么事也不会发生；河水溢出了河床，就成了洪水。总之，在空间规模、时间速度、结构、形态及能量变化程度上或采取的形式上，流变与突变都只有相对意义。

（二）流变和突变的层次性

在讨论事物安全度的流变和突变时，总是联系某一具体的物质层次。在同一物质层次上，流变和突变有其具体的表现形式，可以进行严格地界定。在这个意义上讲不同物质层次的流变和突变有其不同的表现形式和质的规定。某种具体的安全变化过程，在低层次可以称为突变，在高层次则属于流变。如人体某一器官损伤，针对小区域来说，是一次突变事件；对于整个人体而言，是综合功能的流变。

（三）流变和突变的相互转化

在一定条件下，流变可以转变为突变，突变也可以转变为流变。例如，生物演化过程是一个缓慢的流变过程，因人类砍伐森林、捕杀动物、使用农药和排放废物，在历史上造成了几次大量生物物种灭绝的突变事件。又如，人类依靠科学技术采取了种种措施，有效地避免了许多危及人类生存和发展的自然界突变事件，减弱了突变事件的强度（洪水、泥石流、风暴、动植物病虫害等）。

流变表现为事物微小而缓慢的量的变化，突变表现为显著而迅速地质的飞跃，在流变中往往也有部分质变（灾变），在质变（灾变）中也伴随着量的变化。在质变发生之后，又会出现流变和突变的新周期，事物就是如此循环往复以至无穷的变化和转化的。

流变向突变的转化，往往是在事物达到极端状态后出现的质变过程。看似完善的事物，由于某种随机因素的影响，猛然间会发生雪崩式的变化。

突变向流变的转化与流变向突变的转化不同，突变向流变的转化往往是在事物发生突变后产生的，出现平稳的变化状态，开始新的变化周期，这时微小的扰动和涨落对事物没有明显的影响。

事物的流变和突变具有复杂性和多样性，在研究和处理时要采用不同的方法进行具体研究。

流变—突变理论认同世界的物质性和物质对意识的根源性，认为世界的统一性在于其自身的物质性。物质世界是互相联系并发展变化的客观存在。流变—突变理论就是对客观物质世界的反映，从"一切皆流，一切皆变"出发，认识物质的具体形态、具体表现、具体关系。

四、安全问题的简单性和复杂性、精确性和模糊性

（一）简单性和复杂性

简单性是指复杂系统可分解成简单要素、单元，复杂系统内、外部的联系遵循简单的规律。

复杂性是指安全系统中包含无穷的、多层次的矛盾，形成极为复杂的结构和机制，与外部世界又有多种多样的联系，存在多种相互作用。

（二）精确性和模糊性

对安全科学的认识总是从模糊走向精确的，模糊和精确是辩证统一的。模糊性可以说明精确性。但是，模糊定性描述的边界太宽，将会降低安全程度。在具体情况下，有必要处理好精确性和模糊性的关系。

五、安全事件的必然性和偶然性

必然性是客观事物的联系和发展中不可避免的趋势。偶然性是在事物发展过程中由于非本质的原因而产生的事件，可能出现，也可能不出现。安全事件的偶然性和必然性相互联系，相互依赖，在一定条件下相互转化。

六、安全哲学观

马克思主义哲学既是世界观，又是认识世界、改造世界的方法论，是最高层次的思维方法，提供了处理主观思维与客观规律的最高理论和原则。安全科学作为一门新兴的交叉学科，在分析与认识问题上一定要以马克思主义哲学作为理论指导：

（1）一切从实际出发，以客观对象的全部事实及事实之间的相互关系为认识的出发点。每一次灾害的前因后果都要进行客观的分析，达到主观与客观的统一，印证事件从发生、发展到灭亡的全部过程。

（2）在普遍联系中把握事物的本质。任何一个事件的发生都不是孤立的，它同周围的事件有着密切联系。其中包括横、纵向联系，直、间接联系，内、外部联系，本质与非本质联系、必然联系和偶然联系。要正确认识安全问题，就必须全面了解和具体分析事物客观存在的复杂联系，在众多的联系中找出事物直接的、内部的、本质的、必然的联系，从而把握安全活动规律。

（3）在动态中把握规律的方法。唯物辩证法不仅是联系的学说，也是运动发展的学说，绝对静止和不变的事物是不存在的，整个世界就是一个运动的发展过程。因此，在安全科学研究中，必须加入时间的概念，在动态中加以认识，打破僵化的思维模式，善于抓住安全发展的趋势和苗头，不断研究新情况和新问题，紧紧抓住对事物未来的分析，以加深对事物安全的现状认识。

（4）矛盾分析法。矛盾分析法就是运用唯物辩证法针对矛盾学说的观点，对客观事物进行辩证分析的方法。安全科学就是讨论安全与危险这一对矛盾的运动变化发展规律的科学。区分主要矛盾和次要矛盾、矛盾的主要方面和次要方面十分必要。矛盾在不同时期具有不同的特殊性，这使得安全的发展显示出过程性和阶段性。在这里，必须从质和量两个方面加以分析，矛盾的质发生变化，事物的安全状态也要发生根本性变化；矛盾的质没有发生变化，但量发生了变化，使同一事件的发展显示出阶段性。如果能深刻认识安全领域中的各种矛盾，并能正确地解决矛盾，就会促进安全科学的迅速发展。

第二节　安全的认识论

一、安全的价值观

（一）安全价值观的内涵

安全价值观是价值观中有关安全行为选择判断、决策的观念总和。一方面，它涉及人与人的关系，认为凡是侵犯他人人身安全健康的行为都是不道德的，凡违章都是不对的；另一方面，它又被用来判断人与自然的关系是否可行，是否符合人的意愿。不同时代、不同历史时期的人们的安全价值观是不同的。同时，对于不同的人群，由于所从事的职业、所受的教育程度不同，其安全价值观也是不一样的。

现代的主流安全价值观是：

（1）安全是人类生存和发展的最基本需要，是人类生命与健康的基本保障；一切生活、生产活动都源于生命的存在，如果人失去了生命，也就失去了一切。

（2）安全是一种仁爱之心，仁爱即爱人。安全以人为本，就是要爱护和保护人的生命财产，要把人看作世间最宝贵的财富。

（3）安全是一种尊严，尊严是生命的价值所在，失去尊严，人活着便无意义。无知的冒险，无谋的英勇，都是对生命的不珍惜。

（4）安全是一种文明。安全要依靠科学技术、文化教育、经济基础、社会的进步和人的素质的提高。文明相对于野蛮，不文明的行为也可视为野蛮的行为。

（5）安全是一种文化。重视安全、尊重生命，是先进文化的体现；忽视安全、轻视生命，是后文化的表现。一种文化的形成要靠全社会的努力。

（6）安全是一种幸福，是一种美好的状态。

（7）安全是一种挑战。每一次重大事故都会促使人反省自身行为，总结教训，研究对策，发现新技术，预防同类事故重复发生。事故不可避免，挑战永远存在，人的奋斗永远不会停止。

（8）安全是巨大的财富。如果安全投入多了，生命财产损失少了，最终劳动成本降低了，企业经济效益提高了。

（9）安全是权利也是义务。在生活和工作中，享受安全与健康的保障，是劳动者的基本权利，是生命的基本需求。每个劳动者不仅拥有这个权利，而且要尊重并行使这个权利。每一位公民都要尊重他人和自己的生命，都必须维护和保障安全的状态。

（二）安全价值观的特征

（1）共享性：安全价值观不是某个领导或特定人员的安全价值观，而是全体成员共同拥有的一种价值观，有显著的共享性。

（2）稳定性：安全价值观具有相对的稳定性。企业员工对安全的看法和观念不是一蹴而就的，而是需要经过长期的选择、判断、评价、追求和创新，最后概括和升华而形成。

（3）经济性（效益性）：安全是有重要价值的，因此安全价值观也有一定的经济效益。从安全生产的实际来看，安全本身是需要投入的，企业员工更需要通过树立先进人物、开展各种活动和典礼仪式等来逐步形成自身的安全价值观，因此安全价值观需要经济投入。一种稳定的安全价值观形成后，每个人的安全行为对安全生产的推动作用远远大于技术改造和更新设备，影响也长久得多，因此安全价值观产生的效益也是十分明显的。

（4）约束性：安全价值观是一种严肃有效的约束力量。因为它是针对所有人的，企业所有员工都要接受一定的安全行为准则。在生产过程中，员工对安全进行判断的标准就是安全价值观，这是一种软性的约束，且有时其作用是相当大的。

（三）安全价值观的作用

（1）人的安全价值观决定了其安全行为的基本特征，规定了其发展方向。安全价值观是安全最基本、最根本的价值观念，人们把安全价值观作为判断安全的基础，其他相关的安全问题都可以转化为这种价值的观念，因此安全价值观不仅决定了安全行为的基本特征，还规定了其发展方向。

（2）安全价值观可以规范和约束每个人的行为，协调各种活动。规范和约束功能是安全价值观的主要功能，成员必须按照一定的指导方针和行为价值准则做事，这是一种软性的约束和规范，但其作用比强硬的规定更加有效。

（3）安全价值观有很强的激励作用。当个体的安全价值观与组织甚至是社会的安全价值观融合后，每个人都有一种发自内心的力量促使自己完成安全活动。安全事故本质上就是由企业管理层的决策行为与所倡导的组织文化不协调所引起的，由此导致被管理者对组织文化的质疑，产生价值观危机。良好的安全价值观对提高安全生产有巨大的推动作用。

二、安全的属性论

（一）安全的人性

安全需求是人的本性，因此安全必须以人为本，但具体应以人的什么需求为本？首先应该是以安全人性为本。安全人性的变化规律是十分复杂的，安全人性涉及人的安全本质、安全理性、安全可塑性等问题。

（二）安全的自然属性

安全的自然属性指安全要素中与自然界物质及其运动规律相联系的现象和过程。安全的自然属性表现在以下两个方面：①安全需求是人的本性，人的生存欲望决定了人类会自发地追求安全，虽然具体的安全需求会随着社会的发展不断变化，但人类对安全的追求不会改变；②事故隐患与自然资源相伴存在，人类生产、生活活动过程中面临各种来自自然系统和人造系统的客观危险和危害，如易燃易爆有毒有害物质本身具有的危险及采矿、采油等过程中自然能量的突释灾害等，因此人类需要发展安全科学技术。人类只有遵循自然规律，充分认识、掌握、利用自然规律，才能实现人与自然的和谐，安全才能得以实现。

（三）安全的社会属性

安全的社会属性是指安全要素中同人与人的社会结合关系及其运动规律相联系的演化规律和过程。人类都是生活在社会中的，这决定了安全具有社会性，安全的社会属性涉及安全政治、安全法制、安全伦理、安全文化等问题。安全文化和安全伦理属于意识形态范畴，安全法制是人们社会生活的重要法则之一，它们是安全的社会属性的重要内涵。安全的政治性可能会使安全偏离科学性和公正性。一方面，安全法制依照安全法律法规和制度来执行，但如果安全法律法规和制度本身就不合理、不公正、不健全、不具可操作性，则执行起来就会有很多问题；另一方面，执法人员是否懂法、是否依法执行，这些都不确定。当出现法律法规和制度以外的问题时，就要依靠安全伦理和安全文化等来解决问题，此时执行起来会有更大的偏差和随意性。

（四）安全的交易性

安全的社会属性和安全的不平衡性决定了安全具有交易性。安全是一种资源，某些区域的群体或个人拥有良好、充足的安全资源，而对某些区域的群体或个人而言，安全却成了稀缺资源。因此，安全可以成为能够转化、传递和交换的产物，交换过程也可能会存在不公平的现象。例如，有些企业将安全责任层层分解直至个人，发生生产事故后，变成由个人来承担事故的责任。

（五）安全的阶级性

安全的人性、安全的社会属性、安全的交易性等决定了安全具有阶级性。社会不同阶层所处的地位及地区不同，导致他们享受的安全保障水平和可接受的风险大小是不一样的。

为了保证个人的安全健康，有些人把自己的生命安全建立在其他人的生命安全基础上。安全具有阶级性自然涉及安全的权益性、安全的冲突性等现实问题，这也会导致处理安全问题会存在很大的偏差。

（六）安全的组织性

人类在一个共同的社会中生活和工作，但人们的安全人性、享受的安全资源、拥有的安全权利等是不一样的，为了协同这些差异，就需要有安全组织进行强制监管，因此安全的组织性意味着强制性和监管性。人类总不愿意满足现状，这客观上也需要有强大的安全组织性来确保系统的运行。但如果安全组织的机制出了问题，就可能扭曲安全的人性，造成安全的不公平，给系统安全埋下重大隐患。

（七）安全的依附性

安全的依附性意味着：如果依附体不存在，安全问题也就不存在。例如，一个企业倒闭了，那么该企业本身的生产安全问题就不复存在了；如果再讨论该企业的安全问题，其意义不在于该企业本身，而是供其他企业借鉴。如果整个社会不运转，即一切都处于停止状态，此时安全问题就消失了。但社会是运动的，一切物质总是变化的，安全问题一直存在，因此安全问题总是依附于所在的领域。安全的依附性决定了安全的从属性和安全的交叉性等。

（八）安全的差异性

安全的差异性是显而易见的，由于安全人性的差异、安全阶级地位的差异、安全资源的差异等，使得个人、小集体、大团体直至民族、国家等安全问题均具有个体性和多样性。

（九）安全的专业性

安全是一个非常复杂的问题，其知识体系几乎涉及所有的自然科学和社会科学领域，这也决定了安全的专业性。

（十）安全的系统性

安全存在上述多种特性，决定了安全具有系统性。但其系统性也带来了复杂性。安全更多涉及的是社会科学的问题；安全工作不仅需要讲奉献，还需要讲原则和艺术，而且需要讲斗争和维权；安全的人性、法制、公正、伦理、道德、权益、组织、系统等非技术问题都需要充分地考虑和协调。

三、安全的矛盾论

人人需要安全，安全是相对的，具有不平衡性，且潜在的危险具有客观性，因此，安全存在以下六点主要矛盾：

（1）生理需求与安全需求的矛盾。

由马斯洛的需求层次理论可以得出，很多人在生理需求还没有得到满足之前，安全需求很低，只有生理需求基本得到保障，才会有安全需求。总的说来，只有整个社会的物质生活进入比较富裕的阶段，人们对安全才会有更高的需求。

（2）人性自私与安全公益的矛盾。

安全是每个人的事，安全更需要互助。这就存在科学安全观与人性自私之间的矛盾及平衡问题。解决矛盾的关键途径为：通过后天的人性塑造，使人的私心得到抑制，使公益之心得到弘扬。

（3）不同阶层人群对风险的接受水平存在差异的矛盾。

社会中的人群所承受的生存压力和追求是不一样的，这导致人们对安全需求的程度也有很大的不同。对安全需求不同的人群在一个系统里活动，从客观上使系统产生了不和谐。尽管安全管理的本质是要求人的行为一致、组织行为一致、役物行为一致，但人本身的安全需求和对风险的判断标准不一样，就使得安全管理的作用大打折扣。解决矛盾的关键途径为：将系统分割、分类、分层，强制统一安全标准等。

（4）安全观与冒险观的矛盾。

目前，很多人对冒险观仍持认同态度。还有些观点认为，不光要敢冒险，而且要会冒险。由此看来，科学安全观很难涵盖所有人。解决矛盾的关键途径为安全人生观的熏陶、倡导安全信仰和安全主义等。

（5）生命无价与现实有价的矛盾。

生命至上、生命为天是现代的科学安全观，但现实中人的生命需要依靠物质来维系，人们不得不为了必需的物质而劳作。当一个人面临财产与生命二选一时，他可能选择保全生命，舍去财产，这时候生命无价能体现出来。但在正常的生活中，人们面对的并不是这些，生命暂时还存在，财产还没有，这时人性的贪婪就驱使他不认同生命无价的观点。解决矛盾的关键途径为：科学安全的熏陶、认识安全与经济的对立与统一，把握对物质的需求度等。

（6）短暂安全与长期安全的矛盾。

当一个人暂时处于安全状态，必须去做安全以外的事情时，他可能是为了让自己在实现所有事情之后能更加的安全，如赚足够多的钱使自己无后顾之忧。因此，他愿意先冒小风险。在某一阶段是不安全的，但也是为了更大的安全。解决矛盾的关键途径为：要有安全系统思维、认识到重大灾难经常是由小事件引发的、不断增强风险意识等。

第三节 安全观

一、安全观及其发展

安全观是对现实安全问题综合性的理性化认识，包括对自身的安全意识、安全观念、所处环境、安全技能等的认识，是人们对安全相关事项所持的看法，并最终指导行为安全的具有积极效应的安全认识体系。其既是安全问题的认识表现，又是安全行为的具体体现，影响着人的认知、思维、信仰、态度、行为方式等，其内容范畴涵盖了与安全相关的所有安全科学领域。

（一）安全观的要素

安全观包括以下要素：安全自主观、安全信仰观、安全生命观、安全预防观、安全规则观、安全价值观、安全契约观、安全协作观、安全目标观、安全法制观、安全宣传观、安全监督观、安全系统观、安全控制观、安全组织观、安全责任观、安全文化观、安全教育观、安全管理观、安全世界观、安全人生观及安全未来观、安全现实观和安全历史观。

（二）安全观的层次结构和功能作用

安全观不一定都具有安全价值，还受时间属性、客观环境、安全知识、安全技能等的影响。换言之，安全观有正负效应之分。正面积极向上的安全观能指导人的安全行为，从而减少事故的发生，体现出安全观的正效应，此时安全观与行为表现呈现正关联；相反，负面消极向下的安全观会导致人的不安全行为，最终酿成事故，体现出安全观的负效应。另外，当安全观与某行为的正负效应相抵消或关联度变小时，体现出安全观的平衡效应。需强调的是，安全观具有动态调节性，在安全活动的全周期内是波动的，随时间变化具有正负效应，但我们的最终目的是加强正效应，弱化负效应，使其最终指导人的安全行为。

可以发现，只有当安全观的基本要素完备且各要素间的关系和谐有序时，安全观才会产生正效应，促成安全行为的涌现，避免事故的发生。正确的安全观是安全认识论的基础，是安全方针的指导理论，属于安全科学的研究范畴。因此，在进行安全观的安全教育、安全管理时，不仅需要提升安全观教育和管理的广度，也需要加强其深度。

（三）安全观的发展

我国的安全观经历了宿命安全观、知命安全观、系统安全观和大安全观4个阶段的变化。

（1）宿命安全观。

宿命安全观产生于远古时期，当时生产力低下，科技尚不发达，人们面对灾祸无能为力，只能听天由命。相对于大自然人的力量毕竟是有限的，无论何时，人要顺应自然，才是安全的。中华民族早期的宿命安全观，其所构建的安全文化氛围具有典型的时代特点。

宿命安全观不是只有消极的一面，它的积极意义在于它追求天人的和谐统一，强调人要适应自然，要按照自然的规律改造自然，并突出了以人为本的核心理念。当然宿命论所强调的命运的决定支配作用或服从命运的主张并不能代表宿命安全观的主流。

（2）知命安全观。

知命安全观是人们开始能依据经验把握安全的特点和规律。人们通过实践活动总结积累事故的经验教训，从而得出与某事相关联的规律和安全活动的局部预知。

与宿命安全观一样，知命安全观既具有时代特点，也不是一成不变的。这是由于经验是在不断总结、不断升华的。经验始终是指导安全工作的宝贵财富，我们常说的吸取事故教训以指导安全工作就是知命安全观的具体体现。

（3）系统安全观。

系统论的理论与方法的提出和应用推动了安全系统论的发展。一方面，任何事故不可能百分之百地重演；另一方面，某些从未发生过的事故也可能发生，因此凭经验预知事故并不能完全避免事故。系统论的提出及其在高端武器系统中的成功应用给安全工作者提供了一个非常重要的技术手段，解决了安全工作者凭经验不能完全解决的事故预测问题，从此树立了科学的事故预测观。

系统安全观对安全认识的要点首先是认为事故的发生和发展是有规律、有预兆的，因而用科学的方法是可以预知的。它已经摆脱了宿命安全观和知命安全观以命（天命）为主导的对天灾人祸因果关系的原始认识。

系统安全观是科学的，它按照事故的特点和规律而提出预测模型和解析结果。因为事故的发生具有随机性，所以目前事故预测给出的大多是事故发生的概率。

（4）大安全观。

大安全观是指针对人类生活、生产、生存的各个领域，关注安全的综合性、共同性、普遍性、合作性等特点，针对安全的内涵、目标和解决安全问题的手段所得出的安全问题总的认识。

大安全观的"大"包涵"现代"和"全局"观念，从安全概念的动态发展可以看出，大安全观是一个发展的新的安全观念。传统的安全来自国家安全、社会安全、个人人身安全等。大安全也可以称为人类安全，即以人为核心的安全，大安全关注的是所有给人造成不安全感的因素，是以人为核心的高度综合性的安全。大安全观是人们针对不同时期安全问题的全新认识而产生的新安全观念。大安全观对国家、社会和环境等各个发展要素的全面关注大幅提升了安全问题在国家、区域发展中的地位，安全和发展也将作为两个同等重要、密切相关的部分，相互制约、相互促进，以保证社会发展的可持续性。大安全观的内容十分丰富，其中人的安全之所以重要，一是它可以危及国家的安全，二是它可以引起社会的关注和干预。

二、安全观的塑造

（一）安全观与其他安全体系间的关联关系辨析

以安全观为核心，以安全行为或行为倾向为目的，与安全观相关联的安全概念主要有安全意识、安全态度、安全理念、安全素养、安全伦理、安全动机、安全道德。安全观的关联关系释义见表2—1。

表 2—1 安全观的关联关系释义

相关安全概念	与安全观的关系
安全意识	安全意识包括了人在安全方面的所有意识要素和观念形态，结合人原有的思想形成安全观；换言之，安全意识是形成安全观的基础
安全态度	安全态度的对象是多方面的，包括客观事物、人、事件、团体、制度及代表具体事物的安全观等；换言之，安全观是安全态度的对象
安全理念	安全理念是通过理性思维得到的，是对安全观的一种再认识，是从安全观中提取出来的理性的区别
安全素养	安全观是安全素养的一项评价指标，安全观念强则表明安全素养高，呈正相关关系
安全道德	安全道德观是安全观的一种，是安全的"调节器"，对安全观的建立具有规范和指导作用

相关安全概念	与安全观的关系
安全伦理	安全伦理是一系列指导安全行为的安全观,即安全观通过安全伦理指导、规范安全行为
安全动机	安全观对安全动机的模式具有决定性影响,且通过安全动机间接影响安全行为

(二)安全观的塑造模型的构建与解析

安全观的塑造过程是一项系统工程,是一个长期持续选择、认同和内化的过程,塑造是更高层次、更具前瞻性的维护。安全观的塑造过程受两个因素影响,即主体自主的安全意识强弱(简称为自塑造)和受他人、组织、环境等的影响程度(简称为他塑造)。人人需要安全,人是安全的动力和主体,以提高个体的安全水平和技能为基点,以输出安全行为为目的,可建立安全观的塑造模型,如图 2—1 所示。

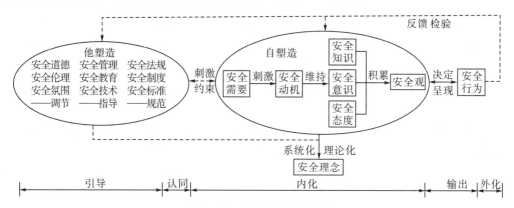

图 2—1 安全观的塑造模型

其具体内涵解析如下:

(1)安全观的塑造包括引导、认同、内化、输出和外化 5 个阶段,首先安全观的他塑造因素刺激和引导主体认识并认同安全事项,并因主体的内塑造(自塑造)因素选择性地将原有的安全观进行更新或强化,最终指导、调节、规范人输出安全行为,主体的行为表现呈现并检验外塑造(他塑造)因素和内塑造因素的正确性和影响程度。

(2)安全观的塑造过程强调主动式自塑造和被动式他塑造相结合,且自塑造是安全观的灵魂,安全行为是安全观的外在表现,他塑造是安全行为的固化;同时,安全观支配安全行为完善他塑造因素,他塑造因素约束安全行为,安全行为影响安全观。

(3)从安全观的自塑造过程可知,安全观受安全动机、安全素养和安全责任等因素影响,因此,主体应树立自主保安观念,不断提高自身安全意识,学习和积累安全知识和安全技能,逐步建立大安全观,并不断创新出安全思想体系。

(4)安全观的形成受主体情感影响大,主体对安全观的情感体验及由此产生的安全需要是实现安全观教育的关键,即要使外塑造因素具有引导作用,安全观的他塑造过程和自塑造过程需有认同感,因此,不仅要重视知识层面的教育,更应加强情感层面的认同,鼓励主体参与,当主体具备了认同感后,可利用强化机制不断进行内化。

（5）人的不安全行为是事故发生的直接原因，安全观塑造的最终目的是实现安全行为的输出。从模型中可提炼出塑造人的安全观的一系列途径和方法。

（三）安全观塑造的一般方法

1. 安全观塑造的基本原则

（1）坚持以人为本。人人都需要安全，人既是安全的动力也是安全的主体，是安全管理中最基本的要素，将人本安全管理放在核心位置，重视人的需要，充分体现安全观以安全生命观和安全价值观为首要原则，使塑造主体产生认同感。

（2）坚持安全系统方法论。安全观的塑造并不能一蹴而就，而是随社会发展不断更新与完善。安全是每个人一生的追求，应实事求是、结合安全需要和安全目的有效地进行安全观的塑造活动。

（3）主导性和多样性相结合。在安全观的塑造过程中应充分发挥主体的主观能动性，以内塑造为主，以他塑造为辅。安全学科具有跨时空、跨领域的综合特性，不仅要将安全观植入塑造主体心中，更要通过多样化的他塑造途径引导主体形成大安全观。

（4）教育和自我教育相结合。安全观的塑造强调塑造主体的自塑造和塑造环境的他塑造相结合。自塑造主要以自我学习、自我教育、自我反省为主，他塑造应充分发挥主动引导、主动教育、主动管理及主动反馈的功能。

2. 安全观的塑造思路

基于安全观内涵、塑造机理及塑造原则，在进行具体的安全观塑造活动时，以安全观塑造主体为对象实施"三步走"，即主体通过学习和积累安全知识和技能实现初步塑造，属于安全观塑造的内化过程，充分发挥塑造主体的主导作用；通过参与多样化的安全实践活动将安全观进一步强化，属于安全观塑造的外化过程；通过主体和外界环境进行相互交流，获得全方位、多层次、内涵丰富的安全观，并将行为表现给予反馈以检验他塑造因素是否合理，属于安全观塑造的互化过程。

3. 安全观塑造的常见方法

安全观的塑造是有规律可循、有方法可依的。结合安全观的塑造机理和塑造思路，可利用自我知觉理论、需求理论、沟通理论、社会学习理论和强化理论等主要理论工具，提炼出安全观塑造的常见方法。安全观塑造的主要理论工具及常见方法见表2-2。

表2-2　安全观塑造的主要理论工具及常见方法

主要理论工具	理论释义	常见方法	方法释义
自我知觉理论	主要阐释行为是否影响态度，可帮助主体更好地认识自我，是自我评价的重要理论基础	自我教育法	主体通过学习和积累安全知识和技能主动形成安全观，或主体不断对自我的思想、行为等进行反思，使主体行为形成"要我安全—我要安全—我会安全"的转变
需求理论	根据个人活动的内在需求来理解、改造和纳入一定的价值准则凸显安全观的塑造，以安全需要为基础	期望激励法	以激励和强化理论为基础，通过利用角色期待产生的效应，正面激励安全行为，弱化不安全行为

续表

主要理论工具	理论释义	常见方法	方法释义
沟通理论	将信息在个体或群体间进行传递，并获得理解的方法；包括单向、双向和多向3种方式	问答讨论法	通过问答方式与人交谈，抓住思维过程中的矛盾，启发诱导，层层分析，步步深入，引导人形成正确的安全观
		情感启迪法	用情讲理，使主体从内心深处理解并产生认同感
社会学习理论	主要探讨个人的认知、行为与环境3个因素及其交互作用对人类行为的影响，主张在自然的社会情境中而不是在实验室里研究人的行为	氛围感染法	当主体受到良好的环境和氛围感染时，自愿使自己与周围环境保持一致，产生与周围环境相符合的行为，以约束不安全行为
		情景模拟法	根据安全目的设置类似真实情景的局部环境，让主体获得身临其境的操作、判断和决策感受，实现主体产生自主保安的目的
强化理论	探讨刺激与行为的关系，多运用于教学和管理实践中，利用正强化或负强化的办法影响行为后果	强制服从法	通过制定法律法规、标准、制度和操作规范等强制约束或弱化主体的不安全观和不安全行为
		代币管制	用奖励强化所期望的行为，促进更多的安全行为出现，或用惩罚消除不安全行为

思考题

1. 如何理解安全与危险的对立统一？
2. 如何理解安全的属性？
3. 如何理解安全的价值？
4. 如何理解正确安全观的作用？
5. 如何理解大安全观？

第三章 事故致因理论

第一节 事故概述

一、事故定义与特点

事故是发生在人们的生产、生活活动中的意外事件。在《辞海》中事故被定义为意外的变故或灾祸；在《职业安全卫生术语》（GBT 15236—2008）中事故被定义为造成死亡、职业病、伤害、损伤或者其他损失的意外情况；而在美国 MLTD-882D 标准中，事故被定义为造成伤亡、职业病、设备或财产的损坏或损失或环境危害的一个或一系列意外事件；傅贵教授等在《通用事故原因分析方法（第 4 版）》中将事故定义为组织规定的、人们不期望发生的、造成生命或健康损害或财产损失或环境破坏的意外事件。在诸多的事故定义中，伯克霍夫（Berkhof）的定义对事故作了较为全面的描述。他认为事故是人（个人或集体）在为实现某种意图而进行的活动过程中，突然发生的、违反人的意志的、迫使活动暂时或永久停止的事件。结合上述定义，人们可以总结出事故具有如下 4 个特点：

（1）事故是一种发生在人类生产、生活活动中的特殊事件，在人类的任何生产、生活活动过程中都可能发生事故。因此，人们若想按自己的意图把活动进行下去，就必须采取措施以预防事故。

（2）事故是一种突然发生的、出乎人们意料的意外事件。这是由于导致事故发生的原因非常复杂，往往是由许多偶然因素引起的，因而事故的发生具有随机性。在一起事故发生之前，人们无法对其进行准确的预测。事故发生的随机性使得认识事故、弄清事故发生的规律及防止事故发生成为一件非常困难的事情。

（3）事故是一种迫使进行着的生产、生活活动暂时或永久停止的事件。事故必然给人们的生产、生活带来某种形式的影响。因此，事故是一种违背人们意志的事件，是人们不希望发生的事件。

（4）事故这种意外事件除影响人们的生产、生活活动正常进行之外，还可能造成人员伤害、财物损坏或环境污染等其他形式的后果。

以人和物来考查事故现象时，其结果有以下 4 种情况：

(1) 人受到伤害，物也遭到损失；

(2) 人受到伤害，而物没有遭到损失；

(3) 人没有伤害，物遭到损失；

(4) 人没有伤害，物也没有遭到损失，只有时间和间接的经济损失。

以上 4 种情况中，前两种情况的事故常称为伤亡事故，后两种情况称为一般事故或无伤害事故。如锅炉发生爆炸，使在场或附近的人受伤，这就是人受到伤害、物也遭到损失的伤亡事故；高处坠落而致使坠落者受伤害，这就是人受伤害，而物没有遭到损失的伤亡事故；电气火灾引起厂房、设备等受损，而人员安全撤离，这就是人没有受到伤害，物遭到损失的无伤害事故；在生产作业中，突然停电而使生产作业暂时停止，这就是人和物都没有受到伤害和损失（指直接损失）的一般事故。无论是伤亡事故还是一般事故，总有损失存在。事故发生总是影响人们行为的继续，这就从时间上给人们造成了损失，从而导致间接的经济损失。另外，从事故对人体危害的结果来看，虽然当时是未伤亡，但到底会不会受到伤害，是一个难以预测的问题。因此，必须将这种无伤害的一般事故也加以收集、研究，以便掌握事故发生的倾向及其概率，并采取相应的措施，这在安全管理上是极为重要的。

统计结果表明，在事故中无伤害的一般事故占 90％以上，它比伤亡事故的概率大十到几十倍。1941 年，美国安全工程师海因里希（H. W. Heinrich）统计分析了 55 万件事故，发现每 330 件事故中有 300 件为无伤害事故，29 件为轻伤或微伤事故，1 件为重伤或死亡事故，这就是著名的海因里希法则。

伤亡事故是指在一次事故中，人受到伤害的事故；无伤害的一般事故是指在一次事故中，人没有受到伤害的事故。伤亡事故和无伤害的一般事故是有一定的比例关系和规律的。为了消除伤亡事故，必须首先消除无伤害事故。无伤害事故不存在，则伤亡事故也就不存在了。

二、事故的特征

事故的表面现象是千变万化的，并且渗透到了人们的生活和生产领域，事故是无处不在的，同时事故结果又各不相同。但事故是客观存在的，客观存在的事物发展过程本身就存在一定的规律性，这是客观事物本身所固有的本质联系。同样，客观存在的事故必然有其本身固有的发展规律，这是不以人的意志为转移的。研究事故不能只从事故的表面出发，必须对事故进行深入调查和分析，由事故特性入手寻找根本原因和发展规律。大量的事故统计结果表明，事故具有以下四个特性：

(1) 因果性。

因果性就是指某一现象作为另一个现象发生的根据。事故是相互联系的诸多原因的结果。事故这一现象和其他现象有着直接或间接的联系。

在这一个关系上看是"因"的现象，在另一个关系上却会以"果"的形式出现；反之亦然。因果关系有继承性，即第一阶段的结果往往是第二阶段的原因。

给人造成直接伤害的原因（或物体）是比较容易掌握的，这是因为它所产生的某种后果显而易见。随着时间的推移，会有种种因素同时存在，且它们之间尚有某种联系，同时还可能因某个偶然事件而造成了事故后果。因此，在制定预防措施时，应尽最大努力掌握造成事故的直接和间接原因，深入剖析其根源，防止同类事故再次发生。

（2）偶然性、必然性和规律性。

从本质上讲，伤亡事故属于随机事件，在一定条件下可能发生，也可能不发生。事故的发生包含偶然因素，具有偶然性，这种偶然性是客观存在的，与人们是否明了原因没有关系。

事故是由于某种不安全因素的存在，随时间进程产生某些意外情况而显现出的现象。因它具有一定的偶然性，故不易发现它所有的规律。但在一定范围内，用一定的科学仪器或手段，却可以找出近似的规律，虽不详尽，却可以从外部和表面的联系找到内部决定性的主要关系。如应用偶然性定律，即采用概率论的分析方法，收集尽可能多的事故进行统计处理，并应用伯努利大数定律，找出其根本性的问题。

这就需要从偶然性中找出必然性，认识事故发生的规律性，把事故消灭在萌芽状态中。这也就是防患于未然、以预防为主的科学意义。科学的安全管理就是从事故合乎规律的发展中去认识它、改造它，达到安全生产的目的。

（3）潜在性、再现性、预测性和复杂性。

事故往往是突然发生的，但在其发生之前有一段潜伏期。然而在事故发生之前的这一段时期内，导致事故发生的因素，即隐患或潜在危险早就存在，只是未被发现或未受到重视而已。随着时间的推移，一旦条件成熟就会显现出来并酿成事故，这就是事故的潜在性。因此，没有发生事故并不代表一切平安无事，从而警示我们不能放松警惕。

事故一旦发生，就成为过去，完全相同的事故不会再次显现。然而没有真正地了解事故发生的因素，并采取有效措施消除这些因素，就会再次出现类似的事故。因此，我们应当致力于消除引发事故的因素。

人们根据积累的经验和知识，以及对事故规律的认识，使用科学的方法和手段，可对未来可能发生的事故进行预测。事故预测就是在认识事故发生规律的基础上，充分了解、掌握各种可能导致事故发生的危险因素及它们的因果关系，推断它们发展演变的状况和可能产生的后果。事故预测的目的在于识别和控制危险，预先采取对策，最大限度地减少事故发生的可能性。

事故的发生取决于人、物和环境的关系，涉及很多影响因素，具有复杂性。因此，事故预防需要尽量考虑全面，做"全"方"安"。

（4）可预防性。

现代工业生产系统是人造系统，也就是说，工业事故都是由非自然因素造成的。这给预防事故提供了基本的前提。同时，事故的致因都是可以被识别的，系统中的因素由于自身特点和相互作用，会产生失误或故障，从而导致人的不安全行为和物的不安全状态，这两者相互组合，会引发人机匹配失衡，从而导致事故。另外，事故的致因是可以消除的，通过有效措施可阻断系统中人和物的不安全运动轨迹，使事故发生的可能性降到最低。

认识这一特性对坚定信念、防止事故发生有促进作用。因此，人类应该通过各方面的努力，从根本上消除事故发生的隐患，将工业事故的发生概率降到最低。所以，从理论和客观上讲，所有事故都是可预防的，但前提是要分析生产活动中可能出现的事故风险，正确做出评价，以制定出防范措施，并切实落实执行。企业的安全工作要在事故预防上多下功夫，科学地认识安全管理，树立新的安全观理念，居安思危，真正做到"以人为本"，从过程入手，全员参与，才能将事故消灭在萌芽状态，从而实现安全生产。

三、事故的分类

（一）按事故形成的因素分类

1. 责任事故

责任事故是指人们在生产、建设工作中不执行有关安全法规，违反规章制度（包括领导人员违章指挥和职工违章作业）而发生的事故。

2. 非责任事故

非责任事故又分为以下两种：

（1）自然事故（也称天灾），指遭遇不可抗拒的自然因素而造成的事故。在目前的科技条件下，地震、海啸、暴风、洪水等都是不可防止的天灾，但要尽早预测预报，把灾害限制在最低限度内。

（2）技术事故，指因受当时科学技术水平的限制，技术条件不足而造成的事故。

据统计，绝大部分事故属于责任事故，非责任事故只占很少一部分。

（二）按事故伤害的对象分类

1. 伤亡事故

伤亡事故是指企业职工在生产劳动过程中，发生人身伤害、急性中毒等突然使人体组织受到损伤或某些器官失去正常机能，致使负伤机体立即中断工作，甚至终止生命的事故。

2. 非伤亡事故

非伤亡事故是指企业在生产活动过程中，由于生产技术管理不善、个别职工违章、设备缺陷及自然因素等，造成了生产中断、设备损坏等，但无人员伤亡的事故。

（三）按事故的属性分类

可以把事故分为两大类，一类为非生产事故，一类为生产事故。

非生产事故是人们在非生产活动过程中发生的事故，如人们在旅行、狩猎、家庭等非职业活动中发生的事故。

生产事故是指人们在生产活动的过程中，突然发生的伤害人体、损坏财物、影响生产正常进行的意外事件，按人和物的伤害与损失情况可分为以下三种。

（1）伤亡事故，指企业职工在生产劳动过程中，发生的人身伤害（以下简称伤害）、急性中毒（以下称中毒）事故。

（2）设备事故，指人们在生产活动中，物质、财产受到破坏、遭到损失的事故。如建筑物倒塌，机器设备损坏，原材料、产品、燃料、能源的损失等。

（3）未遂事故，也称为险肇事故，这类事故发生后，人和物都没有受到伤害，无直接损失，但影响生产正常进行，往往容易被人们忽视。

（四）按事故类别划分

《企业职工伤亡事故分类标准》（GB 6441—1986）中按致害原因将伤害事故划分为20类（表3-1）。

表3-1　按致害原因的事故分类

序号	事故类别	备注
1	物体打击	指失控物体的惯性力造成的人身伤害事故；适用于落物、滚石、锤击、砸伤、崩块，不包括爆破引起的物体打击
2	车辆伤害	指企业机动车辆引起的机械伤害事故，适用于机动车辆挤、压、撞、倾覆等
3	机械伤害	指机械设备与工具引起的绞、辗、碰、割、戳、切等伤害；如工件、刀具飞出伤人，手或者其他部位被卷入等，但车辆和起重设备除外
4	起重伤害	各种起重作业引起的机械伤害事故；包括脱钩砸人、钢丝绳断裂抽人、移动吊物撞人，也包括起重设备在使用、安装过程中的倾覆及提升设备过卷、蹲罐等；但不适用触电、检修时制动失灵引起的伤害
5	触电	电流流过人体或人与带电体间发生放电引起的伤害；主要包括触电和雷击伤害，适用于触电后坠落
6	淹溺	因大量的水经口鼻进入肺内，造成呼吸道阻塞，发生急性缺氧而窒息的事故；适用于各种作业中的落水事故
7	灼烫	包括火焰烧伤、高温物体烫伤、化学物质灼伤、射线引起的皮肤损伤等，不包括电烧伤及火灾事故引起的烧伤
8	火灾	造成人员伤亡的企业火灾事故，不适用于非企业原因造成的火灾
9	高处坠落	由于重力势能差引起的伤害事故，包括由高处落地和由平地落入地坑，但不包括触电引起的坠落
10	坍塌	建筑物、构筑物、堆置物倒塌及土石塌方引起的事故，不适用于矿山冒顶、片帮及爆炸、爆破引起的坍塌事故
11	冒顶片帮	指矿山开采、掘进及其他坑道作业发生的顶板冒落、侧壁垮塌事故；矿井工作面、巷道侧壁由于支护不当、压力过大造成的坍塌，称为片帮；顶板垮落称为冒顶
12	透水	矿山开采和地下开采及其他坑道作业时因涌水造成的伤害，不适用于地面水害事故
13	放炮	施工时由于放炮作业造成的伤害，适用于各种爆破作业，如采石、采矿、拆除建筑物等工程进行的爆破作业而引起的伤亡事故
14	火药爆炸	火药、炸药及其制品在生产、运输、储藏过程中发生的爆炸事故；适用于火药与炸药在加工配料、运输、储藏、使用过程中，由于震动、明火、摩擦、静电作用，或因炸药的热分解作用发生的化学性爆炸事故
15	瓦斯爆炸	可燃性气体瓦斯、煤尘与空气混合形成了达到燃烧极限的混合物，接触火源时，其引起的化学性爆炸事故；主要适用于煤矿，同时也适用于空气不流通，以及瓦斯、煤尘积聚的场合

序号	事故类别	备注
16	锅炉爆炸	锅炉发生的物理性爆炸事故；适用于工作压力大于 0.07MPa、以水为介质的蒸汽锅炉，但不适用于铁路机车、船舶上的锅炉及列车电站和船舶电站的锅炉
17	压力容器爆炸	压力容器破裂引起的气体爆炸，即物理性爆炸；包括容器内盛装的可燃性液化气在容器破裂后，立即蒸发，与周围的空气混合形成爆炸性气体混合物，遇到火源时产生的化学爆炸，也称容器的二次爆炸
18	其他爆炸	不属于上述爆炸的事故均为其他爆炸，如可燃性气体、蒸汽、粉尘等与空气混合形成的爆炸性混合物的爆炸；炉膛、钢水包、亚麻粉尘的爆炸等
19	中毒和窒息	职业性毒物进入人体引起的急性中毒、缺氧窒息性伤害；如人接触有毒物质、误吃有毒食物或呼吸有毒气体引起的人体急性中毒事故，或在废弃的坑道、暗井、涵洞、地下管道等不通风的地方工作，因为氧气缺乏，有时会发生突然晕倒甚至死亡的事故称为窒息；两种现象合为一体，称为中毒和窒息事故；不适用于病理变化导致的中毒和窒息事故，也不适用于慢性中毒的职业病导致的死亡
20	其他	上述范围之外的伤害事故，如冻伤、扭伤、摔伤、野兽咬伤等

（五）按伤害程度分类

按照《企业职工伤亡事故分类标准》（GB 6441—1986）规定，事故按伤害程度分为：

（1）轻伤。指损失 1~105 个工作日以下的失能伤害。

（2）重伤。指损失工作日大于等于 105 个工作日的失能伤害，重伤损失工作日最多不超过 6000 个工作日。

（3）死亡。指损失工作日大于 6000 个工作日（含 6000 个工作日），这是根据中国职工的平均退休年龄和平均寿命计算出来的。

（六）按事故人员伤亡和直接经济损失分类

《生产安全事故报告和调查处理条例》（国务院令 493 号）规定：根据事故造成的人员伤亡或者直接经济损失将事故划分为 4 个等级：

（1）特别重大事故，是指造成 30 人以上死亡，或者 100 人以上重伤（包括急性工业中毒，下同），或者 1 亿元以上直接经济损失的事故；

（2）重大事故，是指造成 10 人以上 30 人以下死亡，或者 50 人以上 100 人以下重伤，或者 5000 万元以上 1 亿元以下直接经济损失的事故；

（3）较大事故，是指造成 3 人以上 10 人以下死亡，或者 10 人以上 50 人以下重伤，或者 1000 万元以上 5000 万元以下直接经济损失的事故；

（4）一般事故，是指造成 3 人以下死亡，或者 10 人以下重伤，或者 1000 万元以下直接经济损失的事故。

（七）按事故发生的行业分类

根据《生产安全事故统计报表制度（2020 版）》，事故分为基本事故类型和特定行业事故类型。基本事故类型包括 20 类，特定行业事故类型包括煤矿事故类型（顶板、

冲击地压、瓦斯、煤尘、机电、运输、爆破、水害、火灾和其他)、道路运输事故类型
（碰撞、碾压、刮擦、翻车、坠车、爆炸和失火）、渔业船舶事故类型（碰撞、风损、触
损、火灾、自沉、机械损伤、触电、急性工业中毒、溺水和其他）、水上运输事故类型
（碰撞、搁浅、触礁、触碰、浪损、火灾爆炸、风灾、自沉、操作性污染和其他）。

第二节　事故致因理论的产生与发展

从事故的定义和特征可知，事故是违背人的意志而发生的意外事件，且事故具有明显
的因果性和规律性。因此，要想找出事故的根本原因，进而预防和控制事故，就必须在各
种各样的事故中发现共性的东西，并将其抽象出来，也就是说把感性的认识与积累的经验
升华到理论的水平，反过来指导实践，并在此基础上制定出控制事故的有效方案。这种查
明事故原因、发生过程以及如何防止事故发生的理论，被称为事故致因理论。

事故致因理论是从大量典型事故的本质原因中提炼出来的事故机理和事故模型。这
些机理和模型反映了事故发生的规律性，能够为事故的定性定量分析、事故的预测预防
和安全管理工作的改进提供科学的、完整的理论依据。

事故致因理论是一定生产力发展水平的产物。在生产力发展的不同阶段，生产过程中
存在的安全问题也有所不同。特别是随着生产形式的变化，人们在工业生产过程中所处的
地位也会发生变化，从而引起人的安全观念的变化，使事故致因理论不断发展和完善。

国外对于事故致因理论的研究相较于国内出现更早。1919 年，格林伍德
（Greenwood）和伍兹（Woods）首次提出了事故倾向性格论，纽鲍尔德（Newbold）、
法默（Farmer）等人随后对其进行了补充与完善。1931 年，海因里希（Heinrich）提
出了事故因果连锁理论。1949 年，葛登利用流行病传染机理论述了事故的发生机理。
巴雷尔（Barer）于 1953 年在事故因果链的基础上发展了"事件链"。1961 年，由吉布
森（Gibson）提出，并在 1963 年由哈登（Haddon）引申的能量意外释放论，是事故致
因理论发展过程中的重要一步。

随着科学技术的不断进步，生产设备和工艺产品越来越复杂，信息论、系统论、控
制论相继成熟并在各个领域获得广泛应用。对于复杂系统的安全问题，采用以往的理论
和方法已不能很好地解决，因此出现了许多新的理论和方法。1969 年，瑟利（Surry）
建立了瑟利模型；1970 年，海尔（Hale）提出了海尔模型，与之类似。威格尔斯沃思
（Wigglesworth）、博德（Bird）与洛夫特斯（Loftus）分别于 1972 年和 1976 年对海因
里希的事故因果连锁理论进行了改进。1978 年，安德森（Anderson）等人对瑟利模型
进行了修正。

动态和变化的观点是近代事故致因理论的又一个基础。1972 年，本尼尔（Banner）
提出了 P 理论。其是指在处于动态平衡的生产系统中，由于扰动导致事故的理论。此后，
约翰逊（Johnson）在 1975 年发表了变化失误论。1980 年，诺兰茨（Tailanch）在《安全
测定》一书中介绍了变化论模型。1981 年，佐藤音信提出了作用变化与作用连锁模型。

1990 年，J. Reason 完善了海因里希的事故因果连锁理论，并提出了瑞士奶酪模型，

此模型改善了事故致因链的缺点，将事故发生的根本原因归结为事故发生组织的管理行为。1997 年，拉斯姆森（Rasmussen）提出了社会技术系统事故致因模型。2000 年，夏普乐（Shappell）与魏格曼（Wiegmann）细化了瑞士奶酪模型。同年，斯特瓦特（Stewart）提出了链式事故致因模型。莱文森（Leeson）于 2004 年与 2011 年分别发表文章提出和推广系统论事故致因模型（STAMP）。近年来，比较流行的事故致因理论是轨迹交叉论，与轨迹交叉论相类似的理论是危险场理论。危险场是指危险源能够对人体造成危害的时间和空间的范围。这种理论多用于研究存在诸如辐射、冲击波、毒物、粉尘、声波等危害的事故模式。

20 世纪 80 年代，国内部分专家、学者开始翻译国外相关事故致因理论的文献，并致力于推广。1982 年，隋鹏程等详细归纳了轨迹交叉论。1988 年，隋鹏程和陈宝智在冶金工业出版社出版的《安全原理与事故预防》一书是国内较早的介绍事故致因理论的教材。20 世纪 90 年代以来，"安全科学原理"被列为安全工程专业的核心课程。隋鹏程、陈宝智、金龙哲、张景林、李树刚等安全学学者相继编写出版了多本安全原理类教材，对事故致因理论都做了介绍和补充。

20 世纪 90 年代末以来，我国实施的安全评价制度基本上是基于系统论事故致因模型提出的。在事故链的基础上，一些研究者构建了基于复杂网络的灾害链数学模型，描述了各灾害节点的灾害损失率和灾害损失度，提出了基于网络节点脆弱性和连接边脆弱性的链式减灾模式。从网络节点的结构重要性和功能重要性出发，根据均衡熵的概念，对单功能网络的灾损敏感性进行了表征；引入脆性熵对系统之间的脆性关联度进行了表征，构建了系统的灾损敏感性评估模型。另外，中国矿业大学的傅贵教授基于行为科学的组织安全管理建立了行为安全的"2－4"模型，可以为企业的安全管理提供简明、易操作的管理方案。

事故致因理论虽然在大量的应用实践中已经取得了较多成果，但还不够完善，需要与预防策略进一步准确对应，目前还没有给出对于事故调查分析和预测预防方面的普遍、有效的方法。然而，通过对事故致因理论的深入研究，必将在安全管理工作中产生深远的影响。

第三节　事故倾向理论

一、理论介绍

（一）事故频发倾向理论

事故频发倾向是指个别人容易发生事故的、稳定的、个人的内在倾向。

1919 年，格林伍德（Greenwood）和伍兹（Woods）针对许多工厂的伤害事故发生次数按如下 3 种统计分布进行了统计检验：

（1）泊松分布（Poison Distribution）：当发生事故的概率不存在个体差异时，即不存在事故频发倾向者时，一定时间内事故发生次数服从泊松分布。在这种情况下，事故是由工厂的生产条件、机械设备，以及一些偶然因素引起的。

（2）偏倚分布（Biased Distribution）：一些工人由于存在精神或心理方面的疾病，如果在生产操作过程中发生过一次事故，则会造成其胆怯或神经过敏，当再继续操作时，就有重复发生第二次、第三次事故的倾向。

（3）非均等分布（Distribution of Unequal Liability）：当工厂中存在许多特别容易发生事故的人时，发生不同次数事故的人数服从非均等分布，即每个人发生事故的概率不相同。在这种情况下，事故的发生主要是由人的因素引起的。

为了检验事故频发倾向理论的稳定性，他们还计算了被调查工厂中同一个人在前三个月和后三个月发生事故次数的相关系数。结果发现，工厂中存在事故频发倾向者，且前、后三个月发生事故次数的相关系数在（0.37±0.12）～（0.72±0.07）之间，皆为正相关。

1926年，纽伯尔德（Newbold）研究了大量工厂中事故发生次数的分布，结果证明事故发生次数服从发生概率极小且各人发生事故概率不等的统计分布。他计算了一些工厂中前五个月和后五个月发生事故次数的相关系数，其结果为（0.04±0.09）～（0.71±0.06）。之后，马勃（Marge）跟踪调查了一个有3000人的工厂，得到表3-2的跟踪统计数据，这些都充分证明了存在事故频发倾向。

表3-2 跟踪统计数据

第一年发生事故次数	以后年平均发生事故次数
0	0.30～0.60
1	0.86～1.17
2	1.04～1.42

1939年，法默（Farmer）和查姆勃（Chamber）明确提出了事故频发倾向理论。该理论认为，事故频发倾向者的存在是工业事故发生的主要原因。事故的发生与人的个性有关，某些人由于具有某些个性特征，因而比其他人更容易发生事故。也就是说，这些人具有事故倾向性。有事故倾向性的人无论做什么工作，都容易出事故。只要通过合适的心理测量，就可以发现具有这种个性特征的人。例如，在日本曾采用YG测验（Yatabe-Guilford Test）来测试工人的性格。另外，也可以通过对工人日常行为的观察来发现事故频发倾向者。一般来说，具有事故频发倾向的人在进行生产操作时往往精神动摇，注意力不能集中在操作上，因而不能适应迅速变化的外界条件。把他们调离有危险的工作岗位，安排在事故发生概率极小的岗位，就可以大大降低事故率。然而，有学者曾尝试用心理测量的方法去区分易出事故者和不易出事故者的个性差异，至今还没有找到很好的办法。

（二）事故遭遇倾向理论

第二次世界大战后，人们对所谓的事故频发倾向的概念提出了新的见解。一些研究表明，大多数工业事故是由事故频发倾向者引起的观念是错误的，有些人在某些环境中较另一些人更容易发生事故（如换了工种，事故率也就不一样了），因此人们认为所谓的事故频发倾向者与他们从事的作业有较高的危险性有关。越来越多的人认为，不能把发生事故的责任归结于工人的疏忽，而应该注重机械的、物质的危险性质在事故致因中的重要影响，于是出现了事故遭遇倾向论。事故遭遇倾向是指某些人员在某些生产作业条件下容易发生事故的倾向。

研究结果表明，前后不同时期中事故发生次数的相关系数与作业条件有关。例如，罗奇（Roche）发现，工厂规模不同，生产作业条件也不同。高勃（Gobb）考查了 6 年和 12 年两个时期中的事故频发倾向稳定性，结果发现前后两段时间内事故发生次数的相关系数与职业有关，相关系数在 0.08～0.72 的范围内变化。当从事规则的、重复性的作业时，事故频发倾向较为明显。

明兹（Mintz）和布卢姆（Bloom）建议用事故遭遇倾向取代事故频发倾向的概念，认为事故的发生不仅与个人因素有关，而且与生产条件有关。根据这一见解，克尔（Kerr）调查了 53 个电子工厂中 40 项个人因素及生产作业条件因素与事故发生频度和伤害严重程度之间的关系，发现影响事故发生频度的主要因素有搬运距离、噪声大小、临时工人数、工人自觉性等；与事故伤害严重程度有关的主要因素是工人的作风，其次是工人的自觉性、老年职工的人数、是否连续出勤等。这证明事故发生情况与生产作业条件有着密切联系。

二、理论评述

目前，已有众多研究者对事故频发倾向理论的科学性问题进行了专门的探讨，关于事故频发倾向者是否存在的问题一直有争议。实际上，事故遭遇倾向理论就是事故频发倾向理论的修正。

其实，工业生产中的许多操作对操作者的素质都有一定的要求，或者说，人员需具有一定的职业适合性。当人员的素质不符合生产操作要求时，人在生产操作过程中就会发生失误或不安全行为，从而导致事故发生。例如，在特种作业的场合，操作者要经过专门的培训、严格的考核，获得特种作业资格后才能从事该种操作。因此，尽管事故频发倾向理论将工业事故归因于少数事故频发倾向者的观点是错误的，但是从职业适合性的角度来看，关于事故频发倾向的认识也有一定的可取之处。

第四节　事故因果连锁理论

一、理论介绍

（一）海因里希事故因果连锁理论

20 世纪 30 年代，美国著名的安全工程师海因里希出版了《工业事故预防》一书，提出了工业安全十大公理和事故因果连锁论，用以阐明导致事故的各种原因之间及与事故、伤害之间的关系。该理论认为，伤害事故的发生不是一个孤立的事件，尽管伤害可能只发生在某个瞬间，却是一系列互为因果的原因事件相继发生的结果：

（1）人员伤亡的发生是事故的结果；

（2）事故的发生是由于人的不安全行为和物的不安全状态造成的；

（3）人的不安全行为或物的不安全状态是由于人的缺点造成的；

（4）人的缺点是由不良环境诱发的，或者是由先天的遗传因素造成的。

在该理论中，以事故为中心，事故原因可概括为直接原因、间接原因和基本原因。其包括以下五个要素：

（1）遗传因素及社会环境：遗传因素及社会环境是造成人的性格存在缺陷的原因。遗传因素可能造成鲁莽、固执等不良性格特点；在生长过程中受到社会环境的影响，会助长后天性格缺陷的形成。

（2）人的缺点：人的缺点包括鲁莽、固执、过激、轻率等先天性缺点，以及缺乏安全生产知识和技能等后天形成的缺点，这都会使人产生不安全行为并造成机械、物质的不安全状态的出现。

（3）人的不安全行为或物的不安全状态：人的不安全行为或物的不安全状态是导致事故发生的直接原因。

（4）事故：事故是由于物体、物质、人或放射线的作用或反作用，使人员受到伤害或可能受到伤害的、出乎意料的、失去控制的事件。

（5）伤害：指直接由事故引发的人身伤害。

上述事故因果连锁理论可以用多米诺骨牌来形象地描述其关系，如图 3-1 所示。在多米诺骨牌中，一块骨牌倒下，将引发连锁反应，其余的几块骨牌也都会相继倒下。如果移去连锁中的一块骨牌，这种连锁将被破坏，事故过程就会被中止。海因里希认为，企业事故预防工作的重点就是防止人的不安全行为，消除机械的或物质的不安全状态，中断事故连锁反应的进程，从而避免事故的发生。

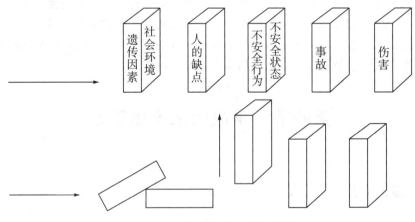

图 3-1　海因里希多米诺骨牌连锁理论图

海因里希的事故因果连锁理论认为，事故发生的直接原因是人的不安全行为和物的不安全状态，而这又是一系列间接原因和基础原因连续作用的结果，用变化的观点认识了事故演化的过程，强调了事故的因果关系，很好地揭示了事故的本质特征。

【案例分析】

---

1. 案例描述

某电厂工程施工现场，木工组长李某带领赵某（临时工）上到 6 号冷却塔安装竖井闸门。闸门沿门槽放下约 700mm 后就再也放不下去了，赵某说下去看看，就揭开一块盖板面对竖井，两手撑住主水槽两壁向下跳。随即，赵某就坠入中央竖井并滑进循环水管底部，落差高达 11.33m，经抢救无效死亡。

2. 事故分析

根据描述，该起事故可以用海因里希的事故因果连锁理论进行分析。

（1）伤亡：1 人死亡。

（2）事故：赵某高处坠落至中央竖井井底。

（3）直接原因：根据海因里希的事故因果连锁理论，第三块骨牌——人的不安全行为或物的不安全状态是事故发生的直接原因。

①物的不安全状态分析。

在本案例中，存在物的不安全状态，表现为竖井安装过程无防护。

②人的不安全行为分析。

在本案例中，赵某不了解竖井深度，直接揭开盖板就往下跳，冒险进入危险场所，是不安全行为。

（4）间接原因。

人的缺点是事故发生的间接原因。在本案例中，受害者赵某的安全知识不足、安全意识欠缺、安全习惯不佳。虽然人的安全知识、安全意识、安全习惯是后天培养形成的，而并非成长历史、遗传因素和社会环境所决定，但赵某在这一起事故中，没有按照操作规程来做，冒险往下跳，坠入竖井身亡，这充分表现出个人过于自信、冲动、蛮干的事故心理，这和他本身的性格缺陷是有关系的，是由他成长的环境和遗传因素造成的。

3. 事故预防对策

根据海因里希的事故因果连锁理论，就本案例来看，公司为了减少开支，竖井安装不是由经过培训的专业施工人员进行施工，而是找了临时工来完成，对作业现场的安全监督管理不力，现场的组长没有尽到告知其危险或对其进行口头培训的义务，可见该公司对安全的重视程度不够，安全生产管理机制不健全。因此，要预防事故，企业需要努力改善作业条件，认真落实安全生产责任制、三级安全生产教育制度、现场安全操作规程、给员工配备合格的安全防护用品等，充分提高职工的安全素质和安全意识。同时，可以对相关人员进行性格测定，根据测定结果分配岗位，有效减少由于性格缺陷而导致事故发生的情况。

（二）博德事故因果连锁理论

博德（Bird）在海因里希的事故因果连锁理论基础上，提出了反映现代安全观点的事故因果连锁（图 3-2）。博德的事故因果连锁同样为 5 个因素，但每个因素的含义与海因里希的事故因果连锁理论有所不同。

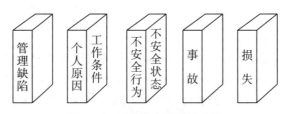

图 3-2　博德的事故因果连锁

1．本质原因——管理缺陷

该事故因果连锁中一个最本质的原因就是管理缺陷。安全管理人员应该懂得管理的基本理论和原则，做好损失控制，包括对人的不安全行为、物的不安全状态的控制，这是安全管理工作的核心。

大多数工业企业中，由于各种原因，完全依靠改进工程技术来预防事故既不经济也不现实。只能通过专门的安全管理工作，经过较长时间的努力，才能防止事故的发生。管理者必须认识到，只要生产没有实现本质安全化，就可能发生事故及伤害，因而安全活动中必须包含有针对事故因果连锁中所有要因的控制对策。然而完美的管理系统并不存在，由于管理上的欠缺，最终会导致事故发生。

2．基本原因——个人原因和工作条件

要想从根本上预防事故，必须查明事故的基本原因，并采取相应对策。基本原因包括个人原因及与工作条件有关的原因，而这些原因又是由管理缺陷造成的。

个人原因包括缺乏知识或技能，动机不正确，身体上或精神上的问题。工作条件方面的原因包括操作规程不合适，设备、材料不合格，设备的磨损及异常的使用方法等，以及温度、压力、湿度、粉尘、有毒有害气体、蒸汽、通风、噪声、照明、周围的状况（容易滑倒的地面、障碍物、不可靠的支持物、有危险的物体）等环境因素。只有找出这些基本原因，才能有效防止直接原因的产生，从而控制事故的发生。

3．直接原因——不安全行为和不安全状态

引发事故的直接原因是最重要的、必须加以追究的原因，包括人的不安全行为或物的不安全状态。但是，直接原因是一种表面现象，在实际工作中，如果只抓住了作为表面现象的直接原因而不追究其背后隐藏的深层原因，就永远不能从根本上杜绝事故的发生。

4．事故

从实用目的出发，把事故定义为最终导致人员身体损伤、死亡，造成财物损失、不希望发生的事件。但是，越来越多的安全专业人员从能量的观点将事故看作是人的身体或构筑物、设备与超过其阈值的能量接触，或人体与妨碍人正常生理活动的物质接触而产生的。为了防止接触，可以通过改进装置、材料及设施以防止能量释放，通过训练来提高人员识别危险的能力，也可佩戴个人保护用品等来防止接触。

5．损失

人员伤害及财物损坏统称为损失。博德模型中的人员伤害包括工伤、职业病及对人员精神方面、神经方面或全身性的不利影响。在许多情况下，可以采取恰当的措施最大限度地减小事故造成的损失，例如对受伤人员的迅速抢救、对设备进行抢修及平日对人员进行应急训练等。

【案例分析】

1. 事故描述

2018 年 8 月 25 日凌晨 4 时 20 分，某酒店员工发现火情；4 时 27 分，市公安局接到住宿客的起火报警。4 时 29 分，市消防指挥中心接到报警后，共出动 8 个中队，40 辆消防车，148 名指战员到场实施救援。7 时 50 分，火灾扑灭。据调查报告指出，此次火灾被认定为一起责任事故，火灾共造成 20 人死亡，23 人受伤。

2. 事故分析

此次火灾事故的发生可以用博德事故因果连锁理论来解释，按照因果关系可以归结为社会环境和属地政府及相关部门的监管不到位（A1）、促成酒店人为的安全管理混乱、安全制度不落实（A2），人为的原因又造成了酒店人员的不安全动作行为或安全设备控制失灵（A3），从而促成了火灾事故（A4）和由此产生的火灾伤亡事件（A5）。这 5 个因素连锁反应构成了酒店火灾事故。

（1）本质原因。

从本质原因来看，属地政府及相关部门监管责任不落实是导致事故的根本原因，具体表现在：

①区行政执法局和市城市管理局对违法建设行为查处、监督不力；

②风景区管理局管理辖区内单位不到位；

③区安监局落实风险管控工作不到位；

④市公安局某分局审查《特种行业许可证》不严格；

⑤市消防支队实施消防监督和消防执法不到位。

（2）基本原因——个人及环境原因。

博德事故因果连锁理论认为，个人及环境条件的缺陷最终会导致事故。火灾事故发生前，当地政府和相关部门监管责任不落实，导致了酒店消防安全主体责任落实失败，且酒店管理人员缺乏法律意识，酒店相关人员安全意识淡漠，造成自酒店开业至今，酒店消防安全管理工作极为混乱，最终酿成惨案。

（3）直接原因——人的不安全行为和物的不安全状态。

酒店火灾事故的人的不安全行为主要有以下两点：一是人的不安全行为。例如，火灾发生前一日酒店员工用灭火器箱挡住了三层的常闭式防火门，导致事故发生时其为开启状态，与此同时，每两小时一次的消防巡查制度没有落实导致此隐患没有被及时发现。上述原因造成了起火后包含有毒有害物质的浓烟迅速通过防火门进入客房走廊，封死逃生路线，导致楼内大量人员中毒眩晕并丧失逃生能力。二是人的错误不安全判断。起火后，第一时间发现火情的酒店员工未在第一时间拨打 119 火警电话并及时疏散顾客，而是上报上级领导。酒店工作人员对火情信息报送的错误判断，延误了最佳灭火救援时间。

物的不安全状态主要体现在酒店内外消防灭火系统的失效状态。在此次事故的调查报告中曾经指出，酒店内外的消火栓系统无水且瘫痪；而酒店未及时整改火灾隐患，大量使用易燃可燃材料进行装饰装修，未定期对消防设施进行检测和维保，酒店搭建的建筑结构也属于违法建构，不符合消防安全要求。这严重影响了人员及时逃生、对初始火灾的控制和对后期火灾的抑制。

在这样一个防灭火设施瘫痪、可燃易燃内部格局和内部疏散通道混乱的情况下，加上人的不安全行为导致了此次火灾事故发生。

（4）事故。

经认定这是一起属地政府及相关部门对企业监管不力，企业消防安全主体责任不落实而引发并造成重大伤亡的火灾责任事故。

（5）伤害（损失）。

根据"8·25"重大火灾事故的调查报告，火灾事故共造成20死23伤，经济损失高达2500余万元。

3. 预防对策

从火灾事件本身来看，伤害之所以产生，是前3个因素导致的。在火灾事件及伤害发生前，政府相关部门应该积极地做好预防、评估、监督等管理工作，理清事故成因，分析事故发生的核心问题，即设法消除事件中的本质原因，从源头中断事故的发生，那么随后的一系列事件和伤亡则不会发生。

（1）管理。

政府部门及下属公安部门、行政执法部门和安监部门等必须认真贯彻落实习近平总书记关于安全生产和消防安全的重要论述；严格贯彻执行《安全生产法》《消防法》《公安机关行政许可工作规定》《消防安全责任制实施办法》《建设工程消防监督管理规定》等有关规定，依法严格履行职责。应急管理部消防部门要依法对涉及消防安全隐患的违法建设行为进行查处，保证建筑构件的相关性能符合国家消防技术规范要求。企事业单位必须依据《消防法》开展相关的消防活动，不仅要落实在台账上，更要落实在行动上。单位要严格落实消防设施的检查维保和管理工作，落实消防控制室的持证上岗制度，保证消防控制室内的值班人员在火灾状态下的应急处置能力。

（2）控制人的不安全行为。

将火灾事故中的原因进行具体分析，发现事故主要是由于人的不安全行为造成的，如错误使用火源、堵占安全疏散通道等。人类行为通常会受到其身体、心理和意识形态等方面因素的影响。因此，加强安全教育，提高人本身的安全意识，规范其安全习惯等，对避免人类产生不安全行为非常重要。

这就要求企事业员工除了接受必要的专业安全知识教育，还需要重点学习并掌握消防安全知识和消防器材的使用知识，尤其是涉及本岗位的相关应急救援知识、个体防护知识。同时也要求各级人民政府应加强消防教育培训，依法组织应急疏散演练。企事业单位必须明确各级消防安全责任人及其职责，并定期进行消防演习；要保证消防控制室运行系统和微型消防站值班制度按章运行，并对相关人员进行职业资格认定；

定期开展消防检查和防火巡查，及时消除火灾隐患，提高自我保护和自我救助能力，最大限度地减少和预防火灾事故发生。

（3）消除物的不安全状态。

针对火灾事故来说，物的不安全状态主要体现在建筑设施防火性能不符合标准和内外消防灭火设施失效。在此次火灾事故中，酒店作为典型人员密集型场所，其建筑结构严重不符合相关标准，各功能区间未设置有效的防火分隔，大量使用易燃可燃材料进行装饰装修，存在重大消防隐患。消防控制柜、电气线路等存在诸多隐患，消防管网无压力水、自动灭火系统瘫痪。上述事实均体现了在火灾事故发生之前的物的不安全状态，这也为这次重大火灾事故埋下了伏笔。

因此，为了消除物的不安全状态，必须强调监督检查制度，明确责任主体，即尽量减少导致火灾事故直接原因的根本因素。各级人民政府要按照谁主管、谁负责的原则履行职责，严禁在未经授权的情况下更改建筑物的使用用途。企事业单位应当按照相关标准配备消防设施器材，设置消防安全标志，并确保疏散通道、安全出口和消防通道正常使用。建筑防火设施的定期检查和维护应至少每年进行一次，以确保它们处于良好状态。

（三）亚当斯的事故因果连锁理论

英国伦敦大学的约翰·亚当斯（John Adams）教授提出了一种与博德事故因果连锁理论相类似的因果连锁模型，该模型以表格的形式给出（表3-3）。

表3-3　亚当斯的事故因果连锁理论

管理体制	管理失误		现场失误	事故	伤害或损坏
目标 组织 机能运转	领导者在如下方面决策出现问题：政策、目标、权威、责任、职责、考核、权限授予	安全技术人员在如下方面存在失误：行为、责任、权威、规则、指导、主动性、积极性、业务活动	不安全行为 不安全状态	伤亡事故 损坏事故 无伤害事故	伤害 损坏

在该事故因果连锁理论中，事故和损失这两个因素基本上与博德的事故因果连锁理论相似。这里把事故的直接原因——人的不安全行为及物的不安全状态称为现场失误。本来，不安全行为和不安全状态是操作者在生产过程中的错误行为及生产条件方面的问题，采用现场失误这一术语，其主要目的在于提醒人们注意不安全行为及不安全状态的性质。

该理论的核心在于对现场失误的背后原因进行了深入研究。操作者的不安全行为及生产作业中的不安全状态等现场失误是由于企业领导者及事故预防工作人员管理失误造成的。管理人员在管理工作中的差错或疏忽、企业领导人决策错误或没有做出决策等失误，对企业经营管理及事故预防工作具有决定性的影响。管理失误反映企业管理系统中的问题，它涉及管理体制，即如何有组织地进行管理工作，确定怎样的管理目标，如何计划、实现确定的目标等方面的问题。管理体制反映作为决策中心的领导人的信念、目标及规范，它决定各级管理人员安排工作的轻重缓急、工作基准及指导方针等。

（四）北川彻三的事故因果连锁理论

日本的学者北川彻三认为，工业伤害事故发生的原因是很复杂的，企业是社会的一部分，一个国家或地区的政治、经济、文化、教育、科技水平等诸多社会因素对伤害事故的发生和预防都有着重大的影响。因此，他将考查范围拓宽至企业之外，将社会历史原因和学校教育原因也纳入了事故原因中（表3-4）。

表3-4　北川彻三的事故因果连锁理论

基本原因	间接原因	直接原因		
管理原因 学校教育原因 社会历史原因	技术原因 教育原因 身体原因 精神原因	不安全行为 不安全状态	事故	伤害

在日本，北川彻三的事故因果连锁理论作为指导事故预防工作的基本理论，被广泛采用。北川彻三认为，事故发生的间接原因主要有：

（1）技术原因。机械、装置、建筑物等的设计、建造、维护等技术方面的缺陷。

（2）教育原因。缺乏安全知识及操作经验，不了解、轻视操作过程中的危险性和安全操作方法，或操作不熟练等。

（3）身体原因。身体状态不佳，如头痛、昏迷、癫痫等疾病，或近视、耳聋等生理缺陷，或疲劳、睡眠不足等。

（4）精神原因。消极、抵触、不满等不良态度，焦躁、紧张、恐怖、偏激等精神不安定，狭隘、顽固等不良性格。

在上述4个方面的原因中，前两个方面的原因经常出现，后两个方面的原因相对较少出现。

北川彻三认为，事故的基本原因包括如下三个方面：

（1）管理原因。企业领导者不够重视安全，作业标准不明确，维修保养制度有缺陷，人员安排不当，职工积极性不高等管理上的缺陷。

（2）学校教育原因。小学、中学、大学等教育机构的安全教育不充分。

（3）社会历史原因。社会安全观念落后，工业发展的一定历史阶段中安全管理、监督机构不完备等。

在上述原因中，管理原因可以由企业内部解决，而后两种原因需要全社会的努力才能解决。

（五）轨迹交叉理论

我国的安全专家随鹏程在1982年比较翔实地给出了轨迹交叉理论（Trace Intersecting Theory）及其意义，并构建了事故模型来描述这一理论（图3-3）。

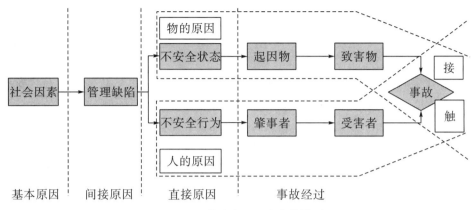

图 3-3　轨迹交叉理论事故模型

　　轨迹交叉理论认为伤害事故是许多相互关联的事件顺序发展的结果。这些事件包括人和物两个发展系列，当人的不安全行为和物的不安全状态在各自发展过程中（轨迹），在一定时间、空间发生了接触（交叉），能量"逆流"于人体时，伤害事故就会发生。而人的不安全行为和物的不安全状态之所以会产生和发展，是受多种因素影响的结果。多数情况下，在直接原因的背后，往往存在着企业经营者、监督管理者在安全管理上的缺陷，这是造成事故的间接原因，在间接原因的背后又是社会因素这样的基本原因的存在。图 3-3 中，起因物是指导致事故发生的物体、物质（包括一些机械设备、建构筑物、化学品、粉尘、环境等），致害物是指直接引起伤害及中毒的物体或物质（包括一些机械设备、铁屑、空气、大气压力等）。起因物与致害物可能是不同的物体，也可能是同一个物体，同样，肇事者与受害者可能是不同的人，也可能是同一个人。

　　根据轨迹交叉理论的观点，消除人的不安全行为可以避免事故。应强调工种考核，加强安全教育和技术培训，从生理、心理和操作管理上控制人的不安全行为的产生。但是，人与机械设备不同，机器在人们规定的约束条件下运转，自由度较少；而人的行为受各自思想的支配，有较大的行为自由性。这种行为自由性一方面使人具有做好安全生产的能动性；另一方面也可能使人的行为偏离预定的目标，发生不安全行为。由于人的行为受多种因素的影响，因此控制人的行为是件十分困难的工作。

　　消除物的不安全状态也可以避免事故。比如，通过改进生产工艺，设置有效的安全防护装置，消除生产过程中的危险条件，实现机器的本质安全，这样即使人员操作失误也不会导致事故发生。实践证明，消除生产作业中物的不安全状态，可以大幅度减少伤亡事故的发生，因此，在所有的安全措施中，首先应该考虑的就是实现生产过程、生产条件的本质安全。但是，即使在采取了安全技术措施，增设了安全防护装置，减少、控制了物的不安全状态的情况下，仍然需要强化安全教育、加强安全培训，防止人为失误。

　　另外，在人的因素和物的因素两个运动轨迹中，二者往往是相互关联、互为因果、相互转换的。也就是说，物的不安全状态可以诱发人的不安全行为；反过来，人的不安全行为又可以导致物的不安全状态的出现。因此，人和物的两条轨迹交叉呈现非常复杂的因果关系。总之，根据轨迹交叉理论的观点，必须同时采取措施以消除人的不安全行为和物的不安全状态，才能有效防止事故发生。

【案例分析】

1. 事故描述

2004年8月27日下午，某市隧道施工工地，该工程施工单位某公司向某商行租赁的拖式混凝土泵，其随机操作维修工蒋某一人在泵旁，用手持式电动砂轮机进行维修工作。该员工工作中穿拖鞋，时逢阴雨天，地面非常潮湿，因手持式电动砂轮机漏电，导致触电倒下且未能脱离电源。13时30分左右，另一员工发现蒋某倒在地上不动，手还握着砂轮机，随即向公司领导和公安机关报案，后经法医鉴定是意外电击死亡。

2. 事故分析

该起事故可以用轨迹交叉理论来解释和分析。

(1) 直接原因。

根据轨迹交叉理论，下面从两个方面进行分析。一是从物的不安全状态分析。根据《手持式电动工具的管理、使用、检查和维修安全技术规程》(GB/T 3787—2017)，当时蒋某使用的手持式电动砂轮机是Ⅰ类金属外壳手持式电动工具，又未安装漏电保护器。二是从人的不安全行为分析。按照相关安全技术规程要求，在作业中必须戴绝缘手套、穿绝缘鞋。穿拖鞋，阴雨天在非常潮湿的地面上手持砂轮机作业，这本身就是一种不安全行为，存在安全隐患。由于以上物的不安全状态和人的不安全行为的运动轨迹交叉，当漏电发生时，造成对第一类危险源电源装置电能的失控，从而导致蒋某触电死亡。

(2) 间接原因。

该施工单位安全生产管理机制不健全，安全生产管理制度不完善。没有按规定配备安全人员，对安全用电不重视，既没有安装漏电保护器，又严重违反规程，存在的严重电气事故隐患没有及时发现并消除。对所租赁的设备、工具和人员的统一协调管理不到位，对作业现场的安全监督管理不力。电工作业属于特种作业，在此案例中不是由经过专业培训的合格维修人员进行维修。

3. 预防对策

根据轨迹交叉理论的观点，为了有效防止事故发生，必须同时采取措施消除人的不安全行为和物的不安全状态，使两事件链连锁中断，则两系列运动轨迹不能相交，危险就不会出现，可实现安全生产。防止事故，企业需采取"3E"对策，如工程技术对策，对本案例电气事故可以采取能量限制、加强绝缘、漏电保护、个体防护等技术方法。

二、理论评述

海因里希的事故因果连锁理论是20世纪30年代的理论，有明显的缺陷，具体表现在对事故致因连锁关系的描述过于绝对化、简单化、单链条化。事实上，事故灾难往往是多链条因素交叉综合作用的结果。各个骨牌（因素）之间的连锁关系是复杂的、随机的。前面的牌倒下，后面的牌可能倒下，也可能不倒下。事故并不是全都会造成伤害，不安全行为或不安全状态也并不是必然会造成事故。同时，该理论将物的不安全状态产生的原因完全归因于人的缺点及遗传因素和社会环境方面的问题，而这些因素都是不能改变的，所以根据该理论可以推断出"事故是不能预防的"这种错误的结论。这跟我们一直强调的"一切事故都是可以预防"的思想是不相符合的，因此其具有时代局限性。

尽管如此，海因里希的事故因果连锁理论关注了事故形成中的人与物，建立了事故致因的事件链这个重要概念，开创了事故系统观，验证了在事故过程中实施干预的重要性，为后来者研究事故机理提供了一种有价值的方法，促进了事故致因理论的发展，成为事故研究科学化的先导，具有重要的历史地位。

随后的几种事故致因理论在不同程度上对海因里希的事故因果连锁理论的缺陷和不足作了补充。博德的事故因果连锁理论较海因里希的事故因果连锁理论有了很大的进步，反映了现代的安全观点，提出了管理缺陷是导致人的不安全行为和物的不安全状态出现的深层次原因，抨击了"事故不可避免"的错误认识。该理论认为，在许多情况下都可以采取恰当的管理措施来减少事故发生的频率及降低事故的损失。不足之处是没有考虑时代背景，片面强调管理缺陷是事故发生的根本原因，夸大了管理的作用，忽视了设备在事故发生原因中的作用。另外，虽然认识到了管理缺陷作为深层次原因在事故致因中的作用，强调管理缺陷是造成事故的主要原因，但没有将"管理"作为一个独立的因素进行分析和研究，没有揭示管理缺陷的形成机制及导致个体失误的作用机制，无法有效指导企业提高管理质量。

亚当斯则进一步研究了造成管理失误的个人因素和组织因素，从追究个人原因和责任转向对组织中管理缺陷的探索，使这一因果连锁模型得到进一步发展，在不同程度上对海因里希的事故因果连锁理论的缺陷和不足作了补充。

北川彻三的事故因果连锁理论将前面几种事故因果连锁理论的考查范围（局限在企业内部）进行了扩展，其认为工业伤害事故发生的原因是很复杂的，诸多社会因素对伤害事故的预防起着重要的作用。因此，充分认识这些因素，综合利用可能的科学技术、管理手段、法律法规等改善影响间接原因的因素，达到预防和避免事故发生的目的，是非常必要的。

轨迹交叉理论则反映了绝大多数事故发生的情况，即事故与人的不安全行为和物的不安全状态是同时相关的，强调人和物的因素在事故原因中占同等重要的地位，通过消除人的不安全行为或物的不安全状态或避免二者运动轨迹交叉均可避免事故的发生，为事故预防指明了方向。另外，其对调查事故发生的原因也是一种较好的工具。但是，在人与物两大系列的运动中，二者往往是更为复杂的因果关系。因此，事故的发生可能并不是如该理论所说的简单地按照人、物两条轨迹独立地运行，而是更为复杂的关系，不能过于简单化理解。另外，该理论也没有体现出导致人的不安全行为和物的不安全状态的深层次的具体原因，不能对企业的事故预防工作进行十分有效的指导。

第五节　能量观点的事故理论

一、理论介绍

（一）能量意外释放理论

1. 能量在事故致因中的地位

能量是具有做功本领的物理单元，它是由物质和场构成系统的最基本的物理量。人类在利用能量时必须采取措施控制能量，使能量按照人们的意图产生、转换和做功。输送到生产现场的能量，依据生产的目的和手段，可以相互转变为各种形式。按照能量的形式，可分为势能、动能、热能、化学能、电能、原子能、辐射能、声能、生物能等。

从能量在系统中流动的角度出发，应该控制能量按照人们规定的能量流通渠道流动。如果由于某种原因失去了对能量的控制，就会发生能量违背人的意愿的意外释放或逸出，使进行中的活动中止而发生事故。如果意外释放的能量作用于人体，且能量的作用超过人体的承受能力，则将造成人员伤害；如果意外释放的能量作用于设备、建筑物、物体等，且能量的作用超过它们的抵抗能力，则将造成设备、建筑物、物体的损坏。

2. 理论的提出

1961 年，吉布森（Gibson）首先提出了解释事故发生的物理本质的能量意外释放论。该理论认为，事故是一种不正常的或不希望的能量释放并转移到人体或物体的事件，即系统意外释放的能量作用于人体，导致人员受伤，作用到物体，导致财产损失。

生产、生活中经常遇到各种形式的能量，如机械能、热能、电能、化学能、电离及非电离辐射、声能、生物能等，它们的意外释放都可能对人或物造成伤害或损坏。

（1）机械能：意外释放的机械能是导致事故使人员受到伤害或财物受到损坏的主要的能量类型。机械能包括势能和动能。位于高处的人体、物体、岩体或结构的一部分，相对于低处的基准面有较高的势能。当人体具有的势能意外释放时，会发生坠落或跌落事故；当物体具有的势能意外释放时，物体自高处落下可能发生物体打击事故；当岩体或结构的一部分具有的势能意外释放时，会发生冒顶、片帮、坍塌等事故。运动着的物体都具有动能，如各种运动中的车辆、设备或机械的运动部件、被抛掷的物料等。它们具有的动能意外释放并作用于人体，则可能发生车辆伤害、机械伤害、物体打击等事故。

（2）电能：意外释放的电能会造成各种电气事故。意外释放的电能可能使电气设备的金属外壳等导体带电而发生所谓的"漏电"现象。当人体与带电体接触时，会遭受电击。电火花会引燃易燃易爆物质而发生火灾、爆炸事故，强烈的电弧可能灼伤人体。

（3）热能：失去控制的热能可能灼烫人体、损坏财物、引起火灾。火灾是热能意外释放造成的最典型事故。应该注意，在利用机械能、电能、化学能等其他形式的能量时，也可能产生热能。

（4）化学能：有毒有害的化学物质使人员中毒，是化学能引起的典型伤害事故。在众多的化学物质中，很多物质具有的化学能会导致人员急性、慢性中毒，并致病、致畸、致癌。火灾中化学能会转变为热能，爆炸中化学能会转变为机械能和热能。

（5）电离及非电离辐射：电离辐射主要指 α 射线、β 射线和中子射线等，它们会造成人体急性、慢性损伤。非电离辐射主要为 X 射线、γ 射线、紫外线、红外线和宇宙射线等射线辐射。工业生产中常见的电焊、熔炉等高温热源放出的紫外线、红外线等有害辐射会伤害人的视觉器官。

人体自身也是一个能量系统。人的新陈代谢过程是一个吸收、转换、消耗能量，与外界进行能量交换的过程；人在进行生产、生活活动时消耗能量，当人体与外界的能量交换受到干扰时，即人体不能进行正常的新陈代谢时，人员将受到伤害，甚至死亡。

1966 年，美国运输部国家安全局局长哈登（Haddon）引申了吉布森提出的观点：生物体（人）受伤害的原因只能是某种能量的转换，并提出了根据有关能量对伤亡事故加以分类的方法。他将其分为两类伤害：第一类伤害是由于施加了局部或全身性损伤阈值的能量引起的；第二类伤害是由于影响了局部或全身性能量交换引起的，主要指中毒、窒息和冻伤。能量类型与伤害见表 3-5，干扰能量交换与伤害见表 3-6。

表3-5　能量类型与伤害

施加的能量类型	产生的原发性损伤	举例与注释
机械能	移位、撕裂、破裂和压挤，主要伤及组织	由于运动的物体（如子弹、皮下针、刀具和下落物体）冲撞造成的损伤，以及由于运动的身体冲撞相对静止的设备造成的损伤（如在跌倒时、飞行时和汽车事故中）；具体的伤害结果取决于合力施加的部位和方式，大部分伤害属于本类伤害
热能	炎症、凝固、烧焦和焚化，伤及身体任何层次	第一度、第二度和第三度烧伤，具体的伤害结果取决于热能作用的部位和方式
电能	干扰神经—肌肉功能以及凝固、烧焦和焚化，伤及身体任何层次	触电死亡、烧伤、干扰神经功能，具体伤害结果取决于电能作用的部位和方式
电离辐射	细胞和亚细胞成分与功能的破坏	反应堆事故，治疗性与诊断性照射，滥用同位素、放射性元素的作用；具体伤害结果取决于辐射能作用的部位和方式
化学能	伤害一般要根据每一种或每一组织的具体物质而定	包括由于动物性和植物性毒素引起的损伤，化学烧伤（如氢氧化钾、溴、氟和硫酸），以及大多数元素和化合物在足够剂量时产生的不太严重而类型很多的损伤

表 3-6 干扰能量交换与伤害

影响能量交换的类型	产生的损伤或障碍的种类	举例与注释
氧气	产生损害，组织或全身死亡	由物理因素或化学因素引起的中毒或窒息（如溺水、一氧化碳中毒和氟化氢中毒）
热能	生理损害，组织或全身死亡	由于体温调节障碍产生损害、冻伤、冻死

研究表明，人体对各种形式的能量的作用都有一定的承受能力，或者说有一定的伤害阈值。例如，球形弹丸以 4.9N 的冲击力打击人体时，只能轻微地擦伤皮肤；重物以 68.6N 的冲击力打击人的头部时，会造成颅骨骨折。

事故发生时，在意外释放的能量作用下，人体（或结构）能否受到伤害（或损坏），以及伤害（或损坏）的严重程度如何，取决于作用于人体（或结构）的能量大小、能量的集中程度、人体（结构）接触能量的部位、能量作用的时间和频率等。显然，作用于人体的能量越大、越集中，造成的伤害越严重。人的头部或心脏受到过量的能量作用时，会有生命危险。能量作用的时间越长，造成的伤害越严重。

该理论阐明了伤害事故发生的物理本质，指明了防止伤害事故就是防止能量意外释放，防止人体接触能量。根据这种理论，人们要注意生产过程中能量的流动、转换，以及不同形式能量的相互作用，以防止发生能量的意外释放或逸出。

【案例分析】

1. 事故概况

2003 年，某钻探公司发生特大井喷事故，因喷涌而出并迅速蔓延的硫化氢毒气瞬间造成 243 个鲜活的生命走到了尽头，累计 2.6 万多人因硫化氢中毒，65632 多人被紧急疏散撤离，直接经济损失 9262.71 多万元。

16H 井现场技术服务组在监测钻井作业时，地面监测仪突然接收不到安装在井下的测斜仪发出的信号。身为 16H 井现场技术服务组负责人的王某在重新制定钻具组合时，违章决定卸下原钻具组合中的回压阀防井喷装置。宋某身为钻井队负责安全防护的人员，明知王某的决定违反规定却没有表示异议，并且按照王的决定指令他人填写了作业计划书，并宣布了卸下回压阀的指令。

被告人向某在带领工人进行起钻作业时，违反"每起出 3 柱钻杆必须灌满钻井液"的规定，每起出 6 柱钻杆才灌注一次钻井液，致使井下液柱压力下降。检察机关认为，这是产生溢流并导致井喷的主要因素之一。身为录井员的被告人肖某，负有监测起钻柱数和钻井液灌入量的职责，因工作疏忽，不正确履行职责，未能及时发现这一严重违章行为，发现后也没有立即报告当班司钻，致使事故隐患未能得到及时排除。

对卸下回压阀这一严重违章行为，身为钻井队队长、井队井控工作第一责任人的吴某，未按规定参加班前会和审查班报表，致使未能及时发现回压阀被卸的重大事故隐患。在补签 22 日的班报表时，吴某发现回压阀被卸的严重违章行为后，既没有立即整改，又不及时报告，使得重大事故隐患未能得到消除。事故发生后，被告人吴某没有按照规定安排专人监视井口的喷势情况，检测空气中硫化氢的含量，以致不能提供确定点火时机、控制有害气体进一步扩散的相关资料和数据。

被告人吴某在主任工程师请示点火时，以现场情况不明为由不同意点火，但又不及时督促或指派人员查明现场情况。在接到"可能有人死亡"的汇报后，仍违反规定未安排专人对井场进行踏勘。检察机关认为，被告人吴某违反应急决策的基本原则，不能"权衡损益风险，决策当机立断"，延误了点火时机，致使大量含有高浓度硫化氢的天然气喷出时间延长并进一步扩散，这是事故扩大的直接原因。

2. 事故分析

这是一起典型的能量意外释放过程中夹杂有毒有害气体的事故，有毒有害气体危害的严重性在于它随时间的推移，影响范围逐渐扩大，影响人群逐渐增多。在这个案例中，相关人员在操作过程中一系列的违章操作，导致对能量控制的措施和手段失效，以致能量意外释放。

（二）能量观点的事故因果连锁模型

美国矿山局的札别塔基斯（Michael. Zabetakis）调查了伤亡事故原因，发现大多数伤亡事故都是由过量的能量作用于人体或干扰人体与外界正常能量交换引起的，而这些能量的意外释放是由人的不安全行为或物的不安全状态使得能量或危险物质失去控制造成的，从而建立了能量观点的事故因果连锁模型（图3-4）。

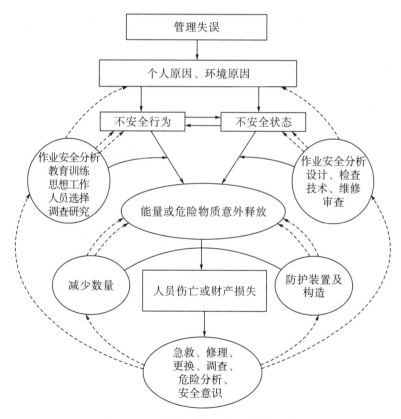

图3-4　能量观点的事故因果连锁模型

（1）事故。事故是能量或危险物质的意外释放，是伤害的直接原因。为防止事故发生，可以通过技术改进来防止能量意外释放，通过教育训练提高职工识别危险的能力，通过佩戴个体防护用品来避免伤害。

（2）不安全行为和不安全状态。人的不安全行为和物的不安全状态是导致能量意外释放的直接原因，其包括管理欠缺、控制不力，缺乏知识、对存在的危险估计错误，以及其他个人因素等基本原因造成的具体反应。

（3）基本原因。基本原因包括以下三个方面的问题：

①企业领导者的安全政策及决策。它涉及生产及安全目标，职员的配置，信息的利用，责任及职权范围，对职工的选择、教育训练、安排、指导和监督，信息传递，设备、装置及器材的采购、维修，正常时和异常时的操作规程，设备的维修保养等。

②个人因素。它涉及人的能力、知识、训练，动机、行为，身体及精神状态，反应时间，个人兴趣等。

③环境因素。

为了从根本上预防事故，必须查明事故的基本原因，并针对查明的基本原因采取对策。

【案例分析】

1. 事故概况

2018年12月26日，某大学项目负责人违规购买并违规储存危险化学品，实验人员不遵守相关规程冒险进行研究，导致实验室发生爆炸燃烧，事故造成3人死亡。

2. 事故分析

该起事故可以运用扎别塔基斯的模型来分析，爆炸事故的直接原因是镁粉、氢气与设备摩擦碰撞产生的火花反应，导致其热能、机械能、化学能意外释放。导致能量意外释放的间接原因是实验人员违规进行实验，明知危险仍冒险作业（人的不安全行为），同时储存大量危险化学品且没有采取防爆措施（物的不安全状态）。导致事故发生的基本原因则是管理人员没有严格执行实验室相关管理制度，没有有效履行实验室安全巡视职责，安全监督与安全培训不到位，没有及时查验并有效制止。因此，如果我们可以加强对实验人员的安全教育与培训，严格落实实验室安全管理制度，做好实验室安全监督，就可以有效避免类似事故发生。同时，减少危险化学品数量并正确储存，或者安装防爆装置也可以减轻爆炸事故的严重程度。根据事故概况建立的爆炸事故能量意外释放分析模型如图3-5所示。

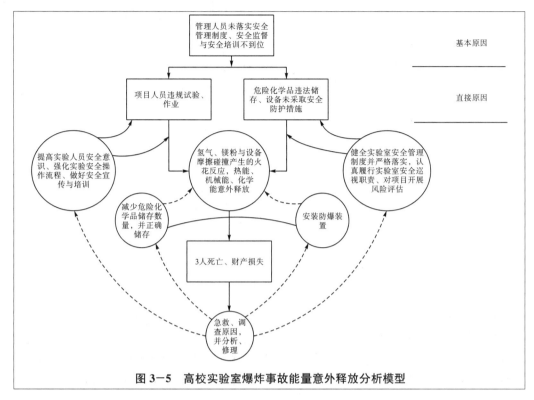

图 3-5 高校实验室爆炸事故能量意外释放分析模型

（三）两类危险源理论

在系统安全研究中，认为危险源的存在是事故发生的根本原因，防止事故就是消除、控制系统中的危险源。危险源为可能导致人员伤害或财物损失事故的、潜在的不安全因素。按此定义，生产、生活中的许多不安全因素都是危险源。

哈默（Hammer）将危险源定义为"可能导致人员伤害或财物损失事故的潜在不安全因素"。根据《职业健康安全管理体系要求及使用指南》（GB/T 45001—2020）的说明，危险源是指可能导致人员伤害或疾病、财产损失、工作环境破坏的根源或状态因素。

东北大学的陈宝智教授在 1995 年提出了两类危险源理论。该理论把系统中存在的、可能发生意外释放的能量物质或能量载体称为第一类危险源，把诱发能量物质或能量载体意外释放造成伤亡事故的直接因素、物的不安全状态和人的不安全行为称为第二类危险源。依据两类危险源理论，在危险源辨识过程中需要识别的是两类危险源，其他事故致因因素在风险评价和确定控制措施的过程中予以识别。能量观点的两类危险源理论如图 3-6 所示。

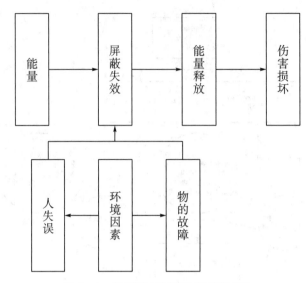

图 3-6　能量观点的两类危险源理论

1. 第一类危险源

根据能量意外释放论，事故是能量或危险物质的意外释放，作用于人体的过量的能量或干扰人体与外界能量交换的危险物质是造成人员伤害的直接原因。于是，把系统中存在的、可能发生意外释放的能量或危险物质称作第一类危险源。包括如下八种：

（1）产生、供给能量的装置、设备；

（2）具有较高势能的装置、设备、场所；

（3）能量载体；

（4）一旦失控可能产生巨大能量的装置、设备、场所，如强烈放热反应的化工装置等；

（5）一旦失控可能发生能量蓄积或突然释放的装置、设备、场所，如各种压力容器等；

（6）危险物质，如各种有毒、有害、可燃烧爆炸的物质等；

（7）生产、加工、储存危险物质的装置、设备、场所；

（8）人体一旦接触将导致人体能量意外释放的物体。

2. 第二类危险源

在生产和生活中，为了利用能量，让能量按照人们的意图在系统中流动、转换和做功，必须采取措施约束、限制能量，即必须控制危险源。约束、限制能量的屏蔽应该能可靠地控制能量，防止能量意外释放。实际上，绝对可靠的控制措施并不存在。在许多因素的复杂作用下，约束、限制能量的控制措施可能失效，能量屏蔽可能被破坏而发生事故。

导致约束、限制能量的控制措施失效或被破坏的各种不安全因素称为第二类危险源，包括人、物、环境三个方面。

（1）人失误，是指人的行为结果偏离了预定的标准，人的不安全行为可被看作是人失误的特例。人失误可能直接破坏对第一类危险源的控制，造成能量或危险物质的意外释放。

（2）物的故障，是指物由于性能低下不能实现预定功能的现象，物的不安全状态也可以看作是一种故障状态。物的故障可能直接使约束、限制能量或危险物质的控制措施失效而发生事故，例如电线绝缘损坏发生漏电、管路破裂使其中的有毒有害介质泄漏等。

（3）环境因素，主要指系统运行的环境，包括温度、湿度、照明、粉尘、通风换气、噪声和振动等物理环境，以及企业和社会的软环境。不良的物理环境会引起物的故障或人失误。例如，潮湿的环境会加速腐蚀而降低结构或容器的强度；工作场所的噪声影响人的情绪，分散人的注意力而发生人失误。

（四）三类危险源理论

2001 年，西安科技大学的田水承教授提出了三类危险源理论。该理论将系统中存在的、可能发生意外释放能量的能量物质或能量载体称为第一类危险源；把诱发能量物质或载体意外释放能量造成伤亡事故的直接因素，包括（安全设施等）物的故障、物理性环境因素、个人行为失误等称为第二类危险源；把诱发物的不安全状态和人的不安全行为的管理因素，包括不符合安全的组织因素（组织程序、组织文化、规则、制度等），组织人的不安全行为、失误等称为第三类危险源。依据该理论，在危险源辨识过程中需要识别三类危险源，即所有的事故致因因素。

三类危险源理论是在传统的两类危险源理论的基础上，经过发展得到的较为完善的危险源理论方法。所谓的三类危险源理论主要包含以下内容：第一，基本的能量承载体及容易引发危险的物质；第二，涵盖基本的物障碍、物体物理特性及环境因素等；第三，不满足安全要求的组织存在因素，包括组织流程、组织结构及组织制度等。第一类危险源是事故发生的能量主体，决定事故发生的严重程度。第二类危险源是触发第一类危险源造成事故的必要条件，决定事故发生的可能性。第三类危险源是事故发生的本质根源，是潜藏在第一类和第二类危险源背后的深层原因，是导致第二类危险源形成的组织管理缺陷。因此，从三类危险源理论角度分析，危险源包括储能物质、束能设施、用能人员 3 个范畴。按照三者对事故发生的影响作用不同，又可将其分别定义为固有型危险源、触发型危险源及组织型危险源。基于此，田水承教授还提出了事故防御失效机理模型（图 3—7）。

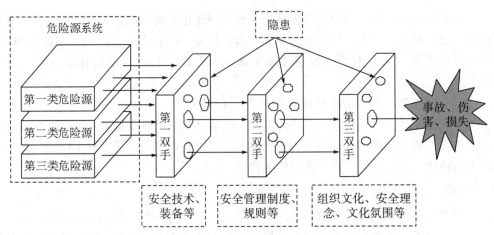

图3-7 基于三类危险源理论的事故防御失效机理模型

该模型有两个主要特点：

（1）强调防御失效（含不设防、防御漏洞）是所有工业伤亡事故发生的必要条件，是事故发生根源和事故后果之间的中间环节，防御有效，则事故不会发生，突出强调的是防御对事故控制的重要性。

（2）把组织不安全行为、失误列为第三类危险源，使人们能更全面地认识不同类型的危险源。

（五）基于能量流系统的事故致因模型

1. 能量流系统

能量是物质本质属性的体现，是一切物质运动与转换的源动力。无论物质是做简单的物理性移动（如高处坠落、物体打击、机械伤害、车辆伤害等），还是发生物理化学变化（如燃烧、化学爆炸等），其流动过程都伴随着各种能量之间的转换和利用，进而形成能量流。

根据能量流相关理论与实践，可知能量流系统是指通过避灾系统预防、减少和消除致灾系统异常能量释放对承灾系统造成的损害所形成的，以能量作为状态衡量标准的系统。

能量流系统的内涵解析：

（1）其研究目的是减少因能量异常释放所造成的损失，将能量从造成伤害的原因转换为避免和减少灾害损失的手段；

（2）能量在致灾物、避灾物、承灾物之间以及人和环境之间的相互转换规律是事故能量流系统作为独立系统类型的划分依据，且能量流是表征事故能量流系统行为的基本方式；

（3）在一定条件下，致灾物能量、避灾物能量和承灾物能量可以相互转换，这也是事故演变复杂性的本质原因之一；

（4）能量流系统是安全系统的子系统，具有很强的层次结构和功能结构，是一个具有动态性、开放性的复杂系统。

2. 基于能量流系统的事故致因模型构建

能量既不能被消灭，也不能被创生，只能由一种形式转变为另一种形式。在结构与形式复杂的生产活动中，存在着各种形式的能量贮存与转化。事故能量流系统的错综复杂性表现为能量在致灾物、承灾物和避灾物之间以及这三种物质与人、环境之间的异常流动、转化和重新分配，可以用能量流向图来揭示其复杂性。黄浪和吴超教授在2016年提出了基于能量流系统的事故致因模型（图3-8）。

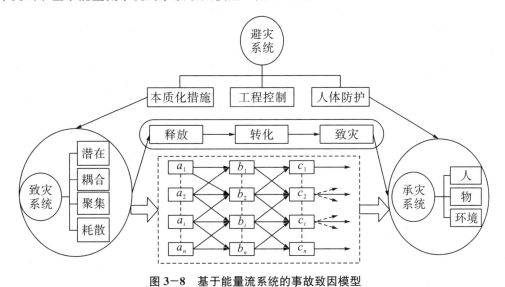

图3-8　基于能量流系统的事故致因模型

模型建立了4种能量流致灾模式，如图3-8中虚线框所示，包括能量串发型、能量发散型、能量集中型、能量混合型，能量流致灾模式解析见表3-7。

表3-7　能量流致灾模式解析

类型	解析与实例
串发型	串发型（$a_1 \rightarrow b_1 \rightarrow c_1$）是单灾种（能量源）在演变过程中形成同类型灾种延续的单向演化形态，这种类型的系统是最简单的也是最好的预防能量意外释放的能量流系统；如物体打击、高处坠落、机械伤害等形式的能量流系统
发散型	发散型（$a_2 \rightarrow b_1$，b_2，$b_i \rightarrow c_1$，c_2，c_i，c_n）是由一个能量源向若干分支扩展，分裂成多种灾害能量的系统；此类能量流系统具有树枝叶脉链式反应特征，各能量发散分支存在时空上的连续性；此类事故能量流系统具有面积大、范围广、影响深远等特征，如地下矿山冒顶或冲击地压事故，由于其开采过程破坏了地层原有平衡状态，当作用于巷道顶板的地压能量超过巷道顶板的支撑力时，顶板能量系统处于失衡状态，导致冒顶事故发生，且顶板储存的能量进一步释放，伴随产生高压有毒有害气体、高温、涌水等

类型	解析与实例
集中型	集中型（a_1，a_2，a_i，$a_n \rightarrow b_1$，b_2，$b_i \rightarrow c_2$）由若干分支能量在演化过程中集成综合型的事故能量；此类事故能量流系统在时间或空间上存在两条或两条以上的并列、独立的能量源分支，能量呈现方向上的传递和聚集趋势，在事故能量流系统中表现为至少存在一个聚合能量，其破坏强度逐级增强或破坏范围逐级增大；如矿山突水事故，由自然降水、含水层岩溶水、老窑积水、巷道积水等形成分支能量源在势能、动能等能量作用下，经过一定的时空演化，向巷道、采空区等空间聚集，形成具有一定破坏强度的能量流系统，当聚集的能量达到或超出突水点的临界失稳强度时，破坏作用放大，使储存的载体能量全部释放
混合型	混合型（a_1，a_2，a_i，$a_n \rightarrow b_1$，b_2，b_i，$b_n \rightarrow c_1$，c_2，c_i，c_n）是串发型、集中型和发散型 3 种形式混合而成的链式网状关系，即能量传播关系不只是以链条状出现，还有链与链之间进行的互相交叉渗透和相互影响关系；如火灾事故，系统存在的可燃物本身不存在破坏力，但当可燃物达到一定的浓度，且具备助燃能量条件和引燃能量条件时，在一定的时空内就会发生火灾或爆炸事故，燃烧能量以冲击波、高温、高压、有毒有害气体、烟雾等能量形式释放

二、理论评述

能量意外释放理论的核心思想认为事故是一种不正常的或不希望的能量释放并转移于人体或设备中，如果意外释放的能量作用于人体并超过人体的承受能力，则造成人身伤害；如果作用于设备、建筑物等物体并超过它们的抵抗能力，则造成损坏；能量是否产生人员伤害，除与能量大小有关外，还与人体接触能量的时间、频率、部位以及能量集中度有关；各种形式的能量是造成伤害或损坏的直接原因。该理论阐明了事故发生的物理本质，体现了人类认识的一大进步，为人们认识事故原因提供了新的视野，是事故致因理论发展过程中的重要一环。理论强调防止事故就必须管理好能量，防止其意外释放，并指出控制能量的有效措施是对其进行屏蔽，将人与物，人、物与能量隔开；建立了预防事故的基本方法。依照该理论可以建立伤亡事故的统计分类，是一种可以全面概括、阐明伤亡事故类型和性质的统计分类方法。

该理论的不足之处：能量意外释放理论中的能量是风险因素的抽象，其没有固定精确的定义和结构模型，无法进行定量分析；该理论虽然简化了风险发生的关系链，但同时也将风险演化过程模糊化，不能充分地认识风险演化过程；该理论是从能量角度研究风险问题的通用模型，而运用该理论分析不同类型的风险，需要与不同类型风险的形成机理相结合。另外，没有揭示导致能量意外释放的深层次原因，不能从根本上采取措施，防止事故的发生。

扎别塔基斯能量观点的事故因果连锁模型是将能量意外释放理论和因果连锁理论相结合而发展起来的，对导致能量意外释放的原因进行了分析，并给出了事故应急处置和预防的思路，弥补了能量意外释放理论的不足。

两类危险源理论虽然能够系统地分析事故发生原因，阐明事故发生的因果关系，但其对危险发生过程中能够避免事故发生的人的操作和机器的运作没有太多考虑。

　　三类危险源考虑了全部的事故致因因素，从危险源的角度强化了安全管理的重要性，但由于管理涉及的是企业指挥、控制和文化的信息，因此对三类危险源的辨识是非常复杂的。一般的事故控制过程首先是识别系统涉及的能量物质或载体、物的不安全状态和人的不安全行为，然后在此基础上考虑涉及管理因素的控制。

　　基于能量流系统的事故致因模型，从能量流入手探析事故的发生、发展机理，通过分析能量流系统各因素之间能量的转换及流动过程，建立能量流的致灾模式，弥补了能量意外释放理论没有对系统能量"流"的特征进行深入分析的不足，分析了能量流的聚集和转化过程，并可在此基础上建立事故预防模式，为预防、控制和消除事故提供更多的理论依据。

三、理论的应用

（一）用能量观点分析事故致因的基本方法

（1）确认系统内的所有能量源。

（2）确定可能遭受该能量的人员及伤害的严重程度。

（3）确定控制该类型能量的办法。

（二）防止能量意外释放的原则与措施

　　从能量意外释放理论出发，预防伤害事故就是防止能量或危险物质的意外释放，防止人体与过量的能量或危险物质接触。

　　哈登认为，预防能量转移于人体的安全措施可用屏蔽防护系统。他把约束、限制能量，防止人体与能量接触的措施叫做屏蔽。在一定条件下，某种形式的能量能否产生伤害、造成人员伤亡事故，应取决于以下四点：①人接触能量的大小；②接触时间和频率；③能量的集中程度；④屏蔽设置的早晚，屏蔽设置得越早，效果越好。按照能量大小，可确定建立单一屏蔽还是多重屏蔽（冗余屏蔽）。

　　预防能量逆流于人体的典型系统可大致分为以下 12 个类型：

　　（1）限制能量：限制能量的大小和速度，规定安全极限量，在生产工艺中尽量采用低能量的工艺或装备，如限制行车速度、规定矿井照明用低压电等。

　　（2）用较安全的能源取代危险性大的能源：有时利用的能源的危险性较高，这时可考虑用较安全的能源代替，如用水力采煤取代爆破、应用二氧化碳灭火剂代替四氯化碳灭火剂等。

　　（3）防止能量蓄积：如控制爆炸性气体的浓度、溜井放矿尽量不要放空（减少和释放势能）等。

　　（4）控制能量释放：建立防护装置，控制能量意外释放，如采用保护性容器（耐压氧气罐、盛装辐射性同位素的专用容器）及生活区远离污染源等。

　　（5）延缓能量释放：缓慢地释放能量可以降低单位时间内释放的能量大小，减轻能量对人体或设施的作用，如采用安全阀、逸出阀、吸收振动装置等。

　　（6）开辟释放能量的渠道：通过新的能量释放渠道将能量安全地释放出来，如接地电线，通过局部通风装置抽排炮烟、抽放煤体中的瓦斯等。

（7）设置屏蔽设施：屏蔽设施是一些防止人员与能量接触的物理实体。屏蔽设施可以设置在能源上，如防冲击波的消波室、防噪声的消声器及原子防护屏等；也可以设置在人员身上，如安全帽、安全鞋、手套、口罩等个体防护品。

（8）在人、物与能源之间设屏障：在时间和空间上把能量与人、物隔离，如防护罩、防火门、密闭门、防水闸墙等。

（9）提高防护标准：如采用双重绝缘工具、连续监测和远距离遥控等。

（10）改变工艺流程：变不安全流程为安全流程，如用无毒、少毒的物质代替剧毒的物质等。

（11）修复或急救：治疗、矫正及减轻伤害程度或恢复原有功能；限制灾害范围，防止损失扩大；搞好急救，进行自救教育等。

（12）信息形式的屏蔽：如各种警告措施等信息形式的屏蔽，可以阻止人员的不安全行为或避免发生人失误，防止人员接触能量。

一定量的能量集中于一点要比它发散开所造成的伤害程度更大。因此，可以采用延长能量释放时间或使能量在大面积内消散的方法来降低其危害程度；对于需要保护的人和物应远离释放能量的地点，以此来控制由能量转移而造成的事故。最理想的方法是，在能量控制系统中优先采用自动化装置，而不需要操作者考虑采取什么措施。

安全工程技术人员在管理时应充分利用能量转移理论，对能量加以控制，使其保持在允许范围内。总之，把能量管理好，就可以实现安全生产。

第六节　人失误事故模型

人失误事故模型是从人的特性、机器性能与环境状态之间是否匹配和协调的观点出发，认为机械和环境的信息不断地通过人的感官反映到大脑。人若能正确地认识、理解、判断，做出正确的决策并采取行动，就能避免事故和伤亡。反之，如果人未能察觉和认识所面临的危险，或判断不准确，未采取正确的行动，就会发生事故甚至伤亡。

一、模型理论介绍

（一）瑟利模型

1969 年，瑟利提出了一个事故模型，他把事故的发生过程分为是否产生危险（危险出现）和是否造成伤害或损坏（危险释放）两个阶段，每个阶段各包含一组类似的心理—生理成分，即对事件信息的感觉、认识以及行为响应的过程，人们称之为瑟利模型。

在危险出现阶段，如果人的信息处理的每个环节都正确，危险就能被消除或得到控制；反之，只要任何一个环节出现问题，就会使操作者直接面临危险。

在危险释放阶段，如果人的信息处理过程中的各个环节都是正确的，则虽然面临已出现的危险，仍然可以避免危险释放出来，不会发生伤害或损坏；反之，只要任何一个环节出错，危险就会转化成伤害或损害。瑟利模型如图 3-9 所示。

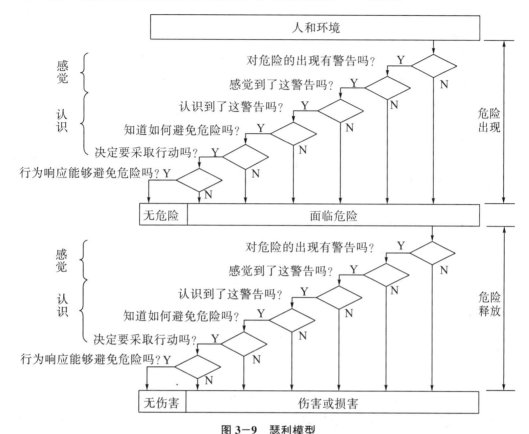

图 3-9　瑟利模型

由图 3-9 可以看出，两个阶段具有类似的信息处理过程，每个过程均可分解为 6 个问题。下面以危险出现为例，分别介绍这 6 个问题的含义：

（1）对危险的出现有警告吗？

这里的警告是指工作环境中是否存在与安全运行状态下不同的可被感觉到的差异。如果危险没有带来可被感知的差异，则会使人直接面临危险。在生产实际中，危险即使存在，也不一定直接显现出来。因此，就是需要让不明显的危险状态充分显示出来，这往往要采取一定的技术手段和方法。

（2）感觉到了这警告吗？

这个问题有两方面的含义：一是人的感觉能力怎么样？如果人的感觉能力差，或注意力在别处，那么即使有足够明显的警告信号，也可能不被察觉。二是环境对警告信号是否有干扰？如果干扰严重，则可能妨碍人对危险信息的察觉。根据这个问题得到的启示：感觉能力存在个体差异，提高感觉能力要依靠经验和训练，同时训练也可以提高操作者抗干扰的能力。在干扰严重的场合，要采用能避开干扰的警告方式（如在噪声大的场所使用光信号或与噪声频率差别较大的声信号）或加大警告信号的强度。

（3）认识到了这警告吗？

这个问题是指操作者在感觉到警告之后，是否理解警告所包含的意义，这就要看操作者是否具备识别危险的知识,即操作者将警告信息与自己头脑中已有的知识进行对比,从而识别危险的存在。

(4)知道如何避免危险吗?

这个问题是指操作者是否具备避免危险的行为响应的知识与技能。为了使这种知识和技能更完善,从而更有利于采取正确的行动,操作者应该接受相应的训练。

(5)决定要采取行动吗?

表面上看,这个问题毋庸置疑,既然有危险,当然要采取行动。但是,在实际情况中,人们的行动会受各种动机的驱使,采取行动回避风险的避险动机往往与趋利动机(如省时、省力、多挣钱、享乐等)相矛盾。当趋利动机成为主导动机时,尽管认识到危险的存在,并且也知道如何避免危险,但因为潜在危险不一定会导致事故,操作者仍然不会采取避险行动。

(6)能够避免危险吗?

这个问题是指操作者在做出采取行动的决定后,能否迅速、敏捷、正确地做出行动上的反应。

上述 6 个问题中,前两个问题都与人对信息的感知相关,第 3~5 个问题与人的认识相关,最后一个问题与人的行为响应相关。这 6 个问题涵盖了人的信息处理全过程,并且反映了在此过程中有很多因失误而导致事故的现象。

【案例分析】

1. 事故描述

2005 年 7 月 27 日,某施工局在设备例行检查中发现位于 3 号坝段 341.5m 高程平台上的 DMQ540/30 型门座式起重机的变幅钢丝绳损坏,随后主管机电的副局长彭某负责组织检修。8 月 1 日上午,彭某和门机班班长谭某计划将门机起重臂放在 341.5m 的高程平台上,开始更换门机变幅钢丝绳。10 时,工地停电,检修工作暂停。12 时来电后,检修工作继续。13 时 30 分,发现在门机起重臂平放状态下,更换的变幅钢丝绳不能满足要求。为此,彭某、谭某二人擅自决定改变原检修方案,将平放状态下的门机起重臂升起斜靠在 2 号坝段边缘顶端,以缩短所需变幅钢丝绳的长度。14 时,谭某为了省事,指挥将原放在 3 号坝段 341.5m 高程平台上的门机起重臂升起,左旋 90° 转向,将门机起重臂搁置在距门机支腿 5.5m 处的 355m 高的 2 号坝段边缘顶端,并开始把前期已穿好的 8 道变幅钢丝绳逐道回撤。因变幅钢丝绳在起重臂顶端滑轮处发生跳槽,15 时左右,谭某便爬上起重臂去处理故障,当爬到接近起重臂顶端滑轮处时,门机整机向后倾倒,从 3 号坝段 341.5m 的高程平台翻坠到 4 号坝段 331.8m 的高程平台,造成参加检修门机人员 14 人死亡、4 人负伤、门机报废的特大安全事故。

2. 事故分析

(1)绘制瑟利模型分析图。

上述案例结合瑟利模型中导致事故发生的 6 个阶段发现,在瑟利模型的第五个阶段事故就已经发生。因此,根据肇事人及相关人员在每个阶段的心理过程和表现出的行为绘制瑟利模型分析图(图 3—10)。

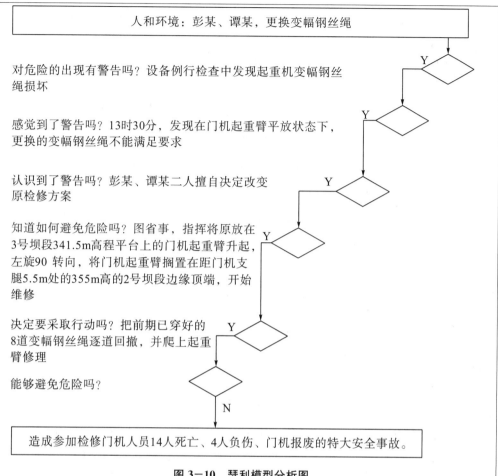

图 3—10 瑟利模型分析图

（2）模型分析。

从瑟利模型分析图中看到，事故之所以发生是因为在"如何避免危险"这一阶段，谭某和彭某为了图省事，在没有向上级汇报的情况下私自改变原有修理方案，并没有考虑违章作业的后果，导致钢丝绳跳槽。此时，谭某又违规爬上起重臂进行修理，导致事故发生。

（二）海尔模型

1970 年，海尔认为，当人们对事件的真实情况不能做出适当响应时，事故就会发生，但不一定造成伤害。海尔模型主要研究操作者与运行系统的相互关系，是研究伤亡事故致因的系统模型，主要分为如下 4 个部分：察觉情况、接受信息，处理信息，操作者用行动改变形势，新的察觉、处理与响应。海尔模型如图 3—11 所示。

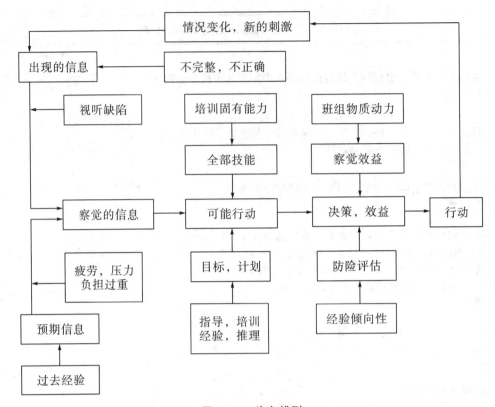

图 3—11　海尔模型

　　察觉的信息有两个来源：其一是操作者在运行系统中收到的信息，这种信息可能是操作者对机械的故障判断不正确，也可能是操作者视力、听力不佳而察觉不到，导致信息不完整；其二是预测的信息，指指导信息收集和选择的预测信息。这类信息可能发生两种类型的失误：一是操作者感觉上的失误；二是操作者对危险征兆没有察觉。负担过重、有压力、疲劳或药物的不良影响，都有可能使操作者对收集信息的注意力削弱，以致操作者不能对危险保持警惕。上述两种信息来源中的错误都有可能导致行动失误。

　　行为的决策是对觉察到的信息进行处理，决定采取具体的行动。能否采取正确的行动，取决于指导、培训及固有能力。决策还要考虑经济效益和社会效益，包括生产班组集体的利益、原有的经验及由此产生的对危险的主观评价。其中认识、理解和决策均属于中枢处理，接着便是行动输出（行为响应）。行动输出之后系统会发生变化，操作者会根据新的情况返回到模型的信息阶段，如此循环往复。

　　（三）威格里斯沃思模型

　　1972 年，威格里斯沃思指出，人失误构成了所有类型事故的基础。他把人失误定义为"人错误地或不恰当地响应了一个外界刺激"。他认为，在生产操作过程中，各种各样的信息不断作用于操作者的感官，给操作者以刺激。若操作者能对刺激作出正确的响应，事故就不会发生；反之就有可能出现危险。危险是否会带来伤害事故，则取决于一些随机因素。人失误事故一般模型如图 3—12 所示。

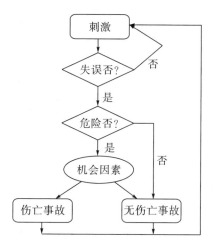

图 3—12 人失误事故一般模型

（四）金矿人失误模型

1974 年，劳伦斯（Lawrence）在威格里斯沃思和瑟利等人的模型基础上，提出了金矿山中以人失误为主的事故原因模型。图 3—13 为金矿人失误模型。

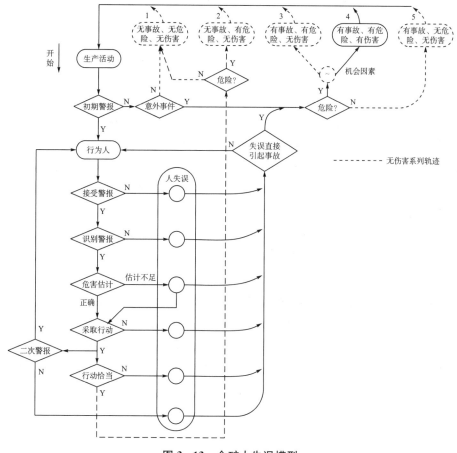

图 3—13 金矿人失误模型

在矿山生产过程中，警告人员应该注意危险的发生。对于在生产现场的某人（行为人）来说，关于危险出现的信息叫作初期警告。如果在没有初期警告的情况下发生伤害事故，则往往是由于缺乏有效的监测手段，或者管理人员事先没有提醒操作者作业场所存在危险因素，行为人在不知道危险的情况下发生事故，属于管理失误造成的事故。在存在初期警告的情况下，人员在接受、识别警告，或对警告做出反应方面的失误都可能导致事故：

（1）接受警告失误。尽管有初期警告出现，但是由于警告本身不足以引起人员注意，或者由于外界干扰掩盖了警告、分散了人员的注意力，或者由于人员本身不注意等没有感知到警告，因而不能发现危险情况。

（2）识别警告失误。人员接受了警告之后，只有从众多的信息中识别警告、理解警告的含义才能意识到危险的存在。如果工人缺乏安全知识和经验，就不能正确地识别警告并预测事故的发生。

（3）危险估计不足。人员由于低估了危险对警告置之不理，因此对危险性的估计不足也是一种失误，属于一种判断失误。除缺乏经验而做出不正确的判断之外，许多人往往太大意而低估了危险性。即使在对危险性估计充分的情况下，人员也可能因为不知如何行动或心理紧张而没有采取行动，也可能因为选择了错误的行为方式或行为不恰当而不能摆脱危险。

人员识别了警告，知道了危险即将出现之后，应该采取恰当的措施控制危险局面的发展，或者及时回避危险。为此应该正确估计危险性，选择恰当的行为并实现这种行为。

（4）二次警告。矿山生产作业往往是多人作业、连续作业。行为人在接受了初期警告、识别了警告，并正确地估计了危险性之后，除自己采取恰当的行为避免事故外，还应该向其他人员发出警告，提醒他们采取防止事故的措施。行为人向其他人员发出的警告叫做二次警告。在矿山生产过程中，及时发出二次警告对防止伤害事故也是非常重要的。如果行为人没有发出二次警告，则行为人发生了人失误。

（五）安德森模型

1978 年，安德森（Anderson）等人曾在分析 60 件工业事故过程中应用瑟利模型，发现瑟利模型实际上研究的是在客观已经存在潜在危险（存在于机械的运行和周围环境中）的情况下，人与危险之间的相互关系、反馈和调整控制的问题，并没有探究何以会产生潜在危险，没有涉及机械的运行及其周围环境。因此，其对瑟利模型进行了扩展，增加了一组问题，形成了安德森模型。该组问题包括：危险线索的来源及可察觉性，运行系统内的波动（机械运行过程及环境状况的不稳定性），以及控制或减少这些波动使之与人（操作者）的行为波动相一致。这使得瑟利模型更为有用。图 3-14 为安德森模型。

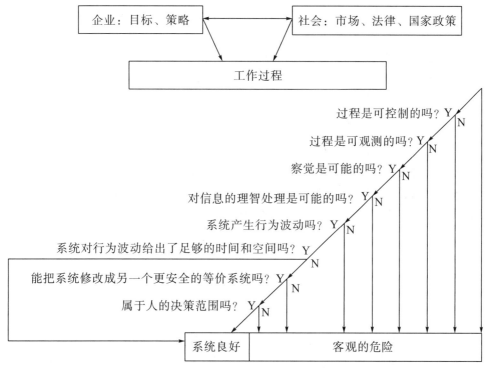

图 3-14 安德森模型

安德森模型对工作过程提出的 8 个问题分别是：

（1）过程是可控制的吗？即不可控制的过程（如闪电）所带来的危险无法避免，此模型所讨论的是可以控制的工作过程。

（2）过程是可观测的吗？指的是依靠人的感官或借助于仪表设备能否观察了解工作过程。

（3）察觉是可能的吗？指的是工作环境中的噪声、照明不良、栅栏等是否会妨碍对工作过程的观察了解。

（4）对信息的理智处理是可能的吗？此问题有两方面的含义：一是问操作者是否知道系统是怎样工作的，如果系统工作不正常，他是否能感觉、认识到这种情况；二是问系统运行给操作者带来的疲劳、精神压力（如长期处于高度精神紧张状态）以及注意力减弱是否会妨碍其对系统工作状况的准确观察和了解。

上述问题的含义与瑟利模型第一阶段问题的含义相似，所不同的是，安德森模型是针对整个系统，而瑟利模型仅针对具体的危险线索。

（5）系统产生行为波动吗？指的是操作者行为响应的不稳定性如何，有无不稳定性？有多大？

（6）系统对行为波动给出了足够的时间和空间吗？指的是运行系统（机械、环境）是否有足够的时间和空间以适应操作者行为的不稳定性。如果有，则可以认为运行系统是安全的（图中跨过问题 7、8，直接指向系统良好），否则就转入下一个问题。

（7）能否对系统进行修改（机器或程序），以适应操作者行为在预期范围内的不稳定性。

（8）属于人的决策范围吗？指修改系统是否可以由操作人员和管理人员做出决定。尽管系统可以被改为安全的，但如果操作人员和管理人员无权改动，或者涉及政策法律，不属于人的决策范围，那么修改系统也不可能。

（六）信息流事故致因模型

我们知道，事故发生的前提是在各种因素的影响下，某一决定层做出了错误的决策，这不仅会对安全执行产生重大影响，而且会对安全信息供给的正确性产生严重影响。那么，可以复杂的安全信息为起点，以安全信息认知的过程为基础，构建一个广义的事故致因模型，我们称其为信息流事故致因模型（图3—15）。

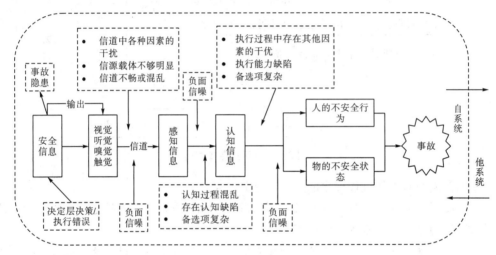

图3—15　信息流事故致因模型

在该模型中作为真信源的安全信息，存在一个复杂的来源，在人与人、人与组织、组织与组织之间安全信息流的传递过程中，某一重要环节产生错误，就会导致信息不透明或者不对称，导致某一决定层决策错误，从而形成隐患。事故隐患存在形式多样，隐患以视觉、听觉、嗅觉或触觉等形式通过信道传递给信宿，产生感知信息，此过程可理解为事件链原理中的安全感知过程。同时，感知信息到认知信息的过程，关系人体内部的神经中枢及大脑皮层，亦会受到负面信噪的影响。此过程中，负面信噪包括认知过程混乱、存在认知缺陷和备选项复杂，这个过程即信宿对感知信息的推理过程，从而产生决策方案。在上述负面信噪的影响下，会产生认知信息不精确、认知信息不适用以及获得不正确或不够多的认知信息等情况。同样，在认知信息的指导下，即在安全决策方案的指导下，信宿会执行安全决策，即安全执行。安全执行中，由于负面信噪的影响（包括执行过程中存在其他因素的干扰、备选项复杂以及执行能力缺陷），从而对认知信息处理错误，产生人的不安全行为和物的不安全状态，直接导致事故发生。同样，他系统不仅会对自系统的信息流产生影响，同样会对自系统内的安全状况产生影响。信噪及其说明见表3—8。

表 3-8　信噪及其说明

过程	信噪	说明
安全感知（真信源→感知信息）	信道中各种因素的影响	信道中存在的负面信噪（如环境信噪），使得信源载体承载的真信源不足以被信宿所感知完全，或使得信宿感知能力降低
	信源载体不够明显	信源载体超出了信宿的认知范围，导致信宿无法获得信息或信息不足够、不正确、不合适
	信道不畅或混乱	信道不畅或混乱，导致信息认知不精确、不及时、不适用
安全预测、安全决策（感知信息→认知信息）	认知过程中其他因素的影响	认知过程存在的负面信噪（如心理信噪、生理信噪等），使得信宿对信息的推理不精确
	存在认知缺陷	在知识信噪的影响下，对感知信息存在知识盲点，无法做出正确的决策，从而对信息的精确性和适用性产生了影响
	备选项复杂	对于相应的感知信息，信宿生成了若干认知信息，从而影响认知信息的精确性、及时性和适用性
安全执行（认知信息→响应动作）	执行过程中存在其他因素的干扰	执行过程中存在的负面信噪（如心理信噪、生理信噪等），使得信宿未按照信息认知采取响应动作
	备选项复杂	对于相应的认知信息，信宿生成了若干执行方案，从而影响响应动作的精确性、及时性和适用性
	执行能力缺陷	在执行信噪的负面影响下，信宿未能做出理想的响应动作

二、理论评述

威格里斯沃思模型在描述事故原因时突出了人的不安全行为是由应激失误造成的，相较于前人简单地将事故原因归咎于人的固有缺陷，已经有了很大进步，但模型仅从人的简单层面进行了分析。其首次提出了人失误这一概念，为人失误理论的研究奠定了基础；揭示了人失误的本质——错误地响应外界刺激，指出人失误不一定会导致事故，还取决于各种机会因素；事故也不一定会造成伤亡，还有无伤亡事故等。不足之处是：不能解释人为什么会有失误，没有考虑应激源存在的潜在错误，忽略了造成人失误的客观原因；对人失误范围的界定也不全面；过分强调人的失误、侧重追究人的责任，忽视物的条件，没有确定人和物的辩证关系；仅注重一个单独事物，不适合几个人同时或相继造成事故的情况，也不适用于连续的成系列活动的作业。

瑟利模型和威格里斯沃思模型都认为如果没有人的失误就不会有事故发生。瑟利模型是根据人的认知过程分析事故致因的理论，从人、机、环境因素综合考虑了危险从潜在到显现从而导致事故和伤害发生，并进行了深入细致的分析。这给人多方面的启示，比如为了防止事故，关键在于发现和识别危险。这涉及操作者的感觉能力、对环境的抗干扰能力、识别危险的知识和技能等。改善安全管理就应该致力于解决这些问题，如人员的选拔、培训，作业环境的改善，监控报警装置的设置等。

劳伦斯的金矿人失误模型是在威格里斯沃思和瑟利等模型基础上提出来的，是针对金矿企业提出的人失误为主因的事故模型，反映了矿山生产过程中人失误的特征。特别是矿山生产中的采掘作业，与其他工业部门的生产作业不同，威胁人员安全的主要危险来自自然界。与控制人造的机械设备和人工环境的危险性相比，人控制自然的能力是很有限的。许多情况下，人们唯一的对策是迅速撤离危险区域。因此，为避免发生伤害事故，人们必须及时发现、正确估计危险，采取恰当的行动。该模型适用于研究同时或相继几个人卷入事故的情况，以及类似矿山生产的连续生产情况。

海尔模型集中于操作者与运行系统之间的相互作用，是一个闭环反馈系统，体现信息对安全的影响，模型考虑了操作者的注意力机制以及影响信息处理的多种个人和环境因素，且构造成闭环系统，因而相对更加科学和全面。

信息处理的人失误事故模型主要是从人的失误对事故的影响进行考虑的，由于人的失误是很难全面分析清楚的，因此该类理论模型可望在未来有进一步的发展。

第七节　动态和变化的观点理论

一、理论介绍

（一）P（Perturbation）理论

1972年，本尼尔（Banner）认为，事故过程包含着一组相继发生的事件。所谓事件，是指生产活动过程中一次瞬间的或者重大的情况变化，一次可能避免或导致另一事件发生的偶然事件。因此，可以把生产活动看作一组自觉地或不自觉地指向某种预期或不测结果的相继出现的事件。它包含生产系统元素间的相互作用和变化着的外界的影响。这些相继事件组成的生产活动是在一种自动调节的动态平衡中进行的，在事件的稳定运动过程中向预期的结果方向发展。

事件的发生一定是某人或某物引起的，如果把引起事件的人或物称为行为者，则可以用行为者和行为者的行为来描述一个事件。在生产活动过程中，如果行为者的行为得当，则可以维持事件过程稳定地进行；否则，可能中断生产，甚至造成伤害事故。

生产系统的外界影响经常会发生变化，可能偏离正常的或预期的情况。这里称外界影响的变化为扰动，扰动将作用于行为者。当行为者能够适应不超过其承受能力的扰动时，生产活动可以维持动态平衡而不发生事故。如果其中的一个行为者不能适应这种扰动，则自动动态平衡过程被破坏，开始一个新的事件过程，即事故过程。该事故过程可能使某一行为者承受不了过量的能量而发生伤害或损坏；这些伤害或损坏事件可能依次引起其他变化或能量释放，作用于下一个行为者，使下一个行为者承受过量的能量，发生串联的伤害或损坏。当然，如果行为者能够承受冲击而不发生伤害或损坏，则依据行为者的条件、事件的自然法则，过程将继续进行。

综上所述，可以把事故看作由相继事件过程中的扰动开始，以伤害或损坏结束的过程。这种对事故的解释叫作P理论。图3-16为P理论的示意图。

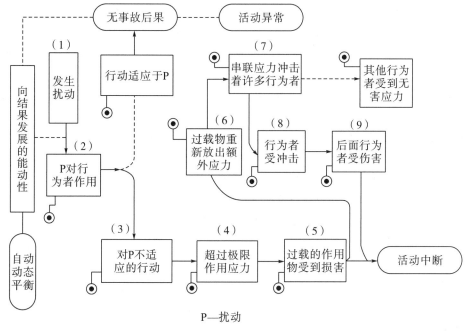

P—扰动

图 3—16　P 理论

（二）变化—失误论

1975 年，约翰逊（Johnson）在对管理疏忽与危险树（MORT）的研究中提出变化—失误论。其主要观点是：运行系统中与能量和失误相对应的变化是事故发生的根本原因，没有变化就没有事故。后来，塔兰茨（Talanch）在 1980 年介绍了变化论模型，佐藤吉信在 1981 年提出了作用—变化与作用连锁模型，都从动态和变化的观点阐述了事故发生的原因。

约翰逊很早就注意到了变化在事故发生、发展中的作用。他把事故定义为一起不希望的或意外的能量释放事件，其发生是由于管理者的计划错误或操作者的行为失误，没有适应生产过程中物的因素或人的因素的变化，从而导致人的不安全行为或物的不安全状态，破坏了对能量的屏蔽或控制，在生产过程中造成了人员伤亡或财产损失。约翰逊的事故因果连锁模型如图 3—17 所示。

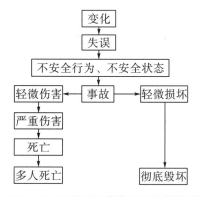

图 3—17　约翰逊的事故因果连锁模型

在系统安全研究中，人们比较关注作为事故致因的人失误和物的故障。按照变化的观点，人失误和物的故障的发生都与变化有关。例如，新设备经过长时间的运转，逐渐磨损、老化，但疏于维护而发生故障；正常运转的设备由于运转条件的突然变化而发生故障等。

人们能感觉到变化的存在，也能采用一些基本的反馈方法去探测那些有可能引起事故的变化。而且人对变化的敏感程度，也是衡量各级企业领导和专业安全人员的安全管理水平的重要标志。作为安全管理人员，应该注意如下一些变化：

1. 人的变化

（1）领导人的更换，对安全的重视程度也会发生变化。

（2）新职工的录用、岗位人员的调整，这些都会给系统带来变化。因为人的工作能力是有差异的，同样的岗位，不同的人员操作，其可靠性也会有所不同。

（3）另外，员工的身体和心理也会发生变化，这些变化都可能引起操作失误及不安全行为。

2. 物的变化

（1）随着时间的流逝，机械设备磨损，性能变低，并与其他方面的变化相互作用，出现物的不安全状态。

（2）采用新工艺、新技术或开始新的工程项目，可能会出现人们不熟悉操作而发生失误的状况。

（3）系统能量的变化。

3. 环境的变化

（1）企业外的社会环境变化。特别是国家政治、经济方针、政策的变化，对企业内部的经营管理方式及人员的思想有巨大的影响。

（2）企业内部作业环境的变化，如厂房微气候的变化等。

（3）自然环境的变化。如出现大风、雷暴雨等恶劣天气都可能会导致企业的一系列变化和失误。

4. 管理的变化

（1）管理方式和制度的变化都有可能导致员工的情绪发生变化，出现消极怠工甚至对抗的情况。企业的管理模式和管理思想一定要根据自身企业的实际情况进行吸收和创新，不能照搬。

（2）操作规程的变化可能会出现员工未及时掌握新规程而发生操作失误。

（3）劳动组织的变化如交接班没安排好，造成工作衔接不顺畅，进而导致人失误和不安全行为。

需要注意的是，并非所有的变化都是有害的，关键在于人们是否能够适应客观情况的变化（如经常利用变化来防止发生人失误）。例如，按规定用不同颜色的管路输送不同的气体；把操作手柄、按钮做成不同形状防止混淆等。因此，需要针对企业内外部的变化，采取恰当的措施以适应这些变化。

【案例分析】

1. 案例概况

某化工厂发生一起化工装置爆炸事故，6人死亡。发生事故前，该化工装置已经安全运转多年，但由于工厂技术改造，需要更新设备，之前的设备被拆卸，但新购的设备未能如期实现生产，同时社会对产品的需求猛增，故厂里决定重新启用已拆卸的旧设备进行生产。但是在安装旧设备的过程中，为尽快投产，只恢复了必要的操作控制器，也没有进行认真检查，导致一些安全控制器没有起作用，最终造成装置爆炸，6人死亡。

2. 事故分析

根据变化—失误论可以发现在整个系统中产生了如下变化；

变化1——用新装置取代旧设备；

变化2——旧装置被拆卸；

变化3——新装置因故未能按预期进行生产；

变化4——对产品的需求猛增；

变化5——把旧装置重新投入生产；

变化6——为尽快投产恢复必要的操作控制器；

失误1——没有进行认真检查，没有进行必要的准备工作；

变化7——部分安全控制器没起作用。

结果造成装置爆炸，6人死亡。

从以上分析可以看出，事故其实就是在系统发生一系列变化之后，企业没有采取相应的措施去适应这些变化，出现了失误而导致的。因此，在变化分析方法中，最大的困难是如何在数量庞大的各类变化中，找出那些有可能导致严重事故后果的变化，并采取相应的措施。这就需要调查分析人员具备较高的理论水平和实际经验。

（三）作用—变化与作用连锁模型

1981年，日本的佐藤吉信从系统安全的观点出发，提出了一种称作作用—变化与作用连锁模型的新的事故致因理论。该理论认为，系统元素在其他元素或环境因素的作用下发生变化，这种变化主要表现为元素的功能发生变化，性能降低。作为系统元素的人或物的变化可能是人失误或物的故障。该元素的变化又以某种形态作用于相邻元素，引起相邻元素的变化。于是，在系统元素之间产生了一种作用连锁。系统中的作用连锁可能造成系统中人失误和物的故障的传播，最终导致系统故障或事故。该模型简称为A－C模型。

二、理论评述

动态变化理论中，本尼尔的P理论实际上只提出了一个思路，而未提出具体方法。约翰逊的变化—失误论把能量转移理论的观点纳入动态变化理论中来。日本的佐藤吉信提出了系统元素之间的关系，并且提出了一系列的方法和规则，是动态变化理论中较完备的一种理论。对于动态变化理论，需要指出的是，在管理实践中，变化是不可避免的，也不一定都是有害的，关键在于管理者是否能够适应客观情况的变化。需及时发现和预测变化，并采取恰当的对策，形成有利的变化，克服不利的变化。

通常有以下两种方法：其一，当观察到系统发生变化时，探求这种变化是否会产生不良后果。如果是，则寻找产生这种变化的原因，进而采取相应的措施（图 3-18）。其二，则是当观察到某些不良后果时，先探求是哪些变化导致了这种后果，进而寻找产生这种变化的原因，并采取相应的措施，如图 3-19 所示。

图 3-18　观察到变化时的变化分析过程　　图 3-19　观察到后果时的变化分析过程

应用变化的观点进行事故分析时，可以对比下列因素现在的状态、以前状态的差异来发现变化：

（1）对象物、防护装置、能量等；

（2）人员；

（3）任务、目标、程序等；

（4）工作条件、环境、时间安排等；

（5）管理工作、监督检查等。

约翰逊认为，事故的发生往往是由多种因素造成的，包含着一系列的变化—失误连锁，如企业领导者的失误、计划者失误、监督者的失误及操作者的失误等，如图 3-20 所示。

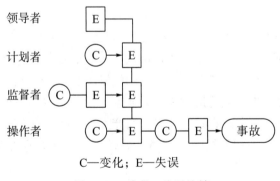

C—变化；E—失误

图 3-20　变化—失误连锁

第八节　多因素事故致因模型

一、理论介绍

（一）事故流行病学方法理论

1949 年，葛登（Gorden）论述了流行病病因与事故致因之间的相似性，提出了用于事故的流行病学方法理论。葛登认为，工伤事故的发生和易感性可以用结核病、小儿麻痹症等的发生和感染相同的方式去理解，可以参照分析流行病学的方法来分析事故。流行病学方法理论是一门研究流行病传染源、传播途径及预防的科学。它的研究内容与范围包括：研究传染病在人群中的分布，阐明传染病在特定时间、地点、条件下的流行规律，探讨病因与性质，并估计患病的危险性，探索影响疾病的流行因素，拟定防疫措施等。

流行病因有以下三种；

（1）当事人（病人）的特征，如年龄、性别、心理状况、免疫能力等；

（2）环境特征，如温度、湿度、季节、社区卫生状况、防疫措施等；

（3）致病媒介特征，如病毒、细菌、支原体等。

这三种因素相互作用可能导致疾病发生。与此类似，对于事故，一要考虑人的因素，二要考虑作业环境因素，三要考虑引起事故的媒介。

采用流行病学的研究方法来进行研究，事故的研究对象就不只是个体了，更重视由个体组成的群体，特别是敏感人群，研究目的是探索危险因素与环境及当事人（人群）之间的相互作用，从复杂的多重因素关系中揭示事故发生及分布的规律，进而研究防范事故的措施。

这种流行病学方法理论考虑当事人（事故受害者）的年龄、性别、生理、心理状况以及环境的特性，如工作和生活区域、社会状况、季节等，还有媒介的特性，诸如流行病学中的病毒、细菌，但在工伤事故中就不再是范围确定的生物学问题，而应把媒介理解为促成事故的能量，即构成伤害的来源，如机械能、电能、热能和辐射能等。能量和病毒一样都是事故或疾病发生的瞬时原因。但疾病的媒介总是绝对有害的，只是有害程度不同而已。而能量大多数是有利的动力，是服务于生产的，只有当能量逆流于人体时，才是事故发生的原点和媒介。

（二）综合原因理论

目前国内外的安全专家普遍认为，事故的发生不是由单一因素造成的，也并非个人偶然失误或单纯的设备故障导致的，而是各种因素综合作用的结果。综合原因理论认为，事故的发生绝不是偶然的，而是有其深刻原因的，包括直接原因、间接原因和基础原因。事故是社会因素、管理因素和生产中的危险因素被偶然事件触发所造成的结果。

其可用如下公式表达：生产中的危险因素＋触发因素＝事故。

综合原因理论模型结构如图 3-21 所示。

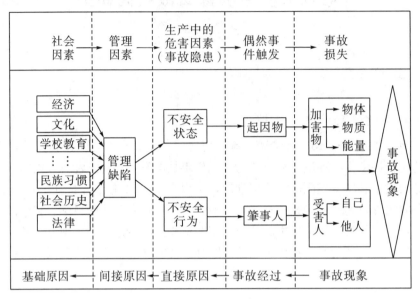

图 3-21　综合原因理论模型结构

事故的直接原因是指不安全状态（条件）和不安全行为（动作）。这些物质的、环境的以及人的原因构成了生产中的危害因素（或称为事故隐患）。间接原因是指管理缺陷、管理因素和管理责任。造成间接原因的因素称为基础原因，包括经济、文化、学校教育、民族习惯、社会历史、法律等。偶然事件触发是指由起因物和肇事人的作用，造成一定类型的事故和伤害的过程。

事故的发生过程是：由社会因素产生管理因素，进一步产生生产中的危害因素，通过偶然事件触发而产生伤亡和损失。调查事故的过程则与此相反，应当通过事故现象，查询事故经过，进而依次了解其直接原因、间接原因和基础原因。

二、理论评述

事故流行病学方法理论比只考虑人失误的早期事故理论有了较大的进步，具有一定的先进性。它突破了对事故原因的单一因素的认识及简单的因果认识，明确地承认了原因因素间的关系特征，认为事故是由当事人群、环境及媒介等 3 组变量中某些因素相互作用的结果，由此推动对这 3 类因素的调查、统计与研究，从而也使事故致因理论向多因素方向发展。该理论的不足之处在于：上述 3 类因素必须有大量的内容，大量的样本进行统计与评价，而在这方面，该理论缺乏明确的指导。

综合原因理论认为，事故是社会因素、管理因素和生产中的危害因素被偶然事件触发而造成的结果。偶然事件之所以触发，是由于事故直接原因的存在，直接原因又是由管理责任等间接原因导致的，而形成间接原因的因素包括经济、文化、学校教育、社会历史、法律等，这些因素统称为社会因素。此理论综合地考虑了各种事故现象和因素，为全面辨识各类危险源、通过多种手段和途径控制事故提供了思路，实用性较强，是目前世界上最为流行的理论。美国、日本和我国都比较主张采用这种模式来分析事故。

第九节　行为安全观点事故模型

一、理论介绍

（一）奶酪模型

1990 年，瑞森（Reason）构建了瑞士奶酪模型。该模型认为孤立的因素并不能导致事故的发生，事故的发生是由多个防御系统同时被破坏而导致的。如图 3—22 所示，模型主要包括"光线"和"防御系统"两部分。"光线"即生产生活中的危险因素，"防御系统"以奶酪表示，这些奶酪多层重叠，相互弥补各自的缺陷和漏洞，正常状态下，漏洞的位置、大小都在不断变化。当每个奶酪中的漏洞排列一致时，将会产生"事故机会洞道"，导致整个系统产生故障，"光线"在此情况下透过漏洞越过防御体系，从而导致事故发生。这一过程实质上是人为过失不断累积的结果，因此又被称为积累行为效应。

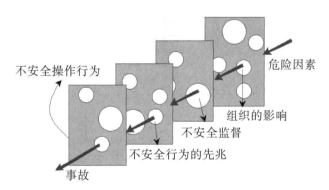

图 3—22　奶酪模型图

模型形象地将导致系统出现事故的原因划分为四个层面进行描述，包括不安全操作行为、不安全行为的先兆、不安全监督、组织的影响。第一层为显性失效因素，即主动失效产生的漏洞，主动失效会对系统产生即刻的事故后果，主动失效因素包括差错和违章行为。第 2、3、4 层为隐性失效因素，也称为潜在条件产生的漏洞。隐性失效因素具有延滞性，它在系统中可能潜伏了很长时间，最终导致事故发生。事故发生最显著的因素不是工人在事故或灾难中出现的孤立的人为失误，而是潜在失误的累积。模型从显性失效与隐性失效的关系入手，以一个逻辑统一的事故链将所有事故因素关联起来，对系统从个人到组织进行全面分析。

（二）行为安全"2-4"模型

2005 年，傅贵教授提出了行为安全"2-4"模型（以下简称"2-4"模型），从理论到实践层面剖析了事故的组织行为和个人行为之间的内在关联，提出了指导行为、运行行为、习惯性行为和一次性行为 4 个阶段事故诱因要素的逻辑内涵，客观准确地阐释了安全文化、安全管理体系、事故发生主体组织及事故责任人的行为关系在事故调查处理报告中的科学界定问题。

"2-4"模型中的"2"为两个层面，即个体、组织层面；4 为 4 个阶段，即指导行为、运行行为、习惯性行为和一次性行为阶段。"2-4"模型假设任何事故都是组织事故，且均发生在一个组织系统内，其原因都可以在"2-4"模型中定位到具体的位置。事故发生的原因是危险源，其不安全因素主要包括人、物、组织内部和外部等。其中，人的因素由两部分构成，即不安全动作（动作发出者涵盖系统中全部的个人，包括低、中、高三个阶层的管理者和一线员工）和个体因素（安全技能、习惯、认知、心理状态、生理状态）；物的因素由不安全的物质和能量等构成；组织内部因素是指企业的安全管理体系和安全文化；组织外部因素与组织内部因素相对，指的是组织之外的不安全因素，主要包括主管部门、监管部门、政府部门、咨询机构、设计机构、供应商等。此外，还包括组织成员的社会环境、家庭环境、自然因素及其他对组织内事故的发生有影响的因素。"2-4"第 4 版模型框架如图 3-23 所示。

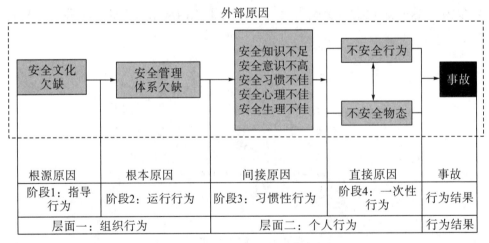

图 3-23　"2-4"第 4 版模型框架

"2-4"模型对组织、个人行为进行了明确区分。将组织整体行为分为安全理念和安全管理体系，前者主要是指企业对安全生产的观念和对安全文化的理解，后者则偏向于指导安全生产的相关文件。同时，认为模型中的不安全动作可能是由组织内各层人员产生的。这样既能清晰地体现组织与个人之间的区别和联系，也改善了传统的事故致因分析对组织、个人因素划分的模糊性状况，分析事故原因时更加简明。事故原因和行为之间的对应关系见表 3-9：

表 3-9　事故原因和行为之间的对应关系

链条名称	发展层面和阶段				发展结果	
	第一层面（组织行为）		第二层面（个人行为）			
	第 1 阶段	第 2 阶段	第 3 阶段	第 4 阶段		
行为发展链	指导行为	运行行为	习惯性行为	一次性行为	事故	损失
分类原因链	根源原因	根本原因	间接原因	直接原因	事故	损失
事故致因链	安全文化	安全管理体系（含体系文件和运行过程）	安全知识安全意识安全习惯等	不安全行为	事故	损失
				不安全物态		

　　这里要特别强调不安全行为的含义。首先，在"2-4"模型中，行为分为组织行为和个人行为，组织行为即组织整体的行为，含安全文化的指导行为和管理体系的运行行为；个人行为又分为习惯性行为和一次性行为，一次性行为又称为动作。"2-4"模型中的动作（安全的和不安全的动作），包含所针对组织中所有成员的动作，这和其他模型只包括一线员工的动作不同。"2-4"模型中的动作，是指与当次事件发生有关的所有动作。动作一般分为操作、指挥和行动 3 类。这些动作是否安全，其判断标准由组织根据适用要求确定，一般来说，判断标准可能包括是否违规、是否引起事故（事故由组织预先确切定义）和风险评估结果。行为分类系统如图 3-24 所示。

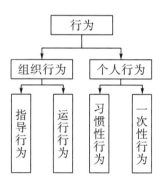

图 3-24　行为分类系统

　　模型历经十余年的发展，目前已更新迭代至第 6 版。按照事故发生的过程，将事故发生的原因，即致因因素分为组织因素和个人因素 2 个大类；再将组织因素分为安全文化和安全管理体系 2 个小类，将个人因素分为人的安全能力、人和物的安全动作 2 个小类，这样 2 大类 4 小类事故原因与事故一起，按照因果关系，就组成了一个新的事故致因模型，结构更加简化，应用更加方便。"2-4"第 6 版模型的静态结构如图 3-25所示：

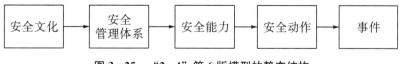

图 3-25　"2-4"第 6 版模型的静态结构

【案例分析】

1. 事故描述

2017年11月11日，某矿西三上采区702综采工作面回风顺槽发生一起重大顶板（冲击地压）事故，造成10人死亡、1人轻伤，直接经济损失1456.6万元，该矿为煤与瓦斯突出矿井。事故调查认定该起事故的原因是西三上采区702综采工作面开采深度为1082m，受多种应力叠加影响，使事故区域形成高应力集中区；加之受断层切割作用和采煤机割煤、移架放顶、3台钻机同时施工瓦斯抽采钻孔等因素扰动影响，造成该区域巷道周边煤岩失稳，诱发冲击地压，导致事故发生。

2. 事故分析

根据事故描述可以采用"2—4"模型进行分析。

（1）直接原因。根据案例描述，在综采工作面开采深度超过1000m，且未对冲击地压危险性进行鉴定的情况下，采煤机进行割煤、移架放顶、3台钻机同时施工瓦斯抽采钻孔，诱发冲击地压事故，此处的"未鉴定""同时施工"即为事故的直接原因，与不安全动作相对应。

（2）间接原因。上述的不安全动作发生的原因，是相关人员片面理解《煤矿安全规程》中关于冲击地压危险性鉴定的规定，对采深超过1000m带来的冲击地压问题认识不高、重视不够、研究不深，没有组织开展冲击地压危险性鉴定等。这是对此类知识的掌握不充分，相关人员的安全意识不高，未重视"未鉴定""同时施工"这两个动作所导致的严重后果，也可能是工作人员抱有侥幸心理，认为不会发生事故。事实上，很多顶板事故发生后，都能发现是指挥者安全认识不足、管理水平低、工作习惯不佳。因此，根据模型可得出导致事故发生的间接原因是指挥者缺乏对习惯性行为的有效管控。

（3）根本原因。根本原因即安全管理体系的原因。经过相关调查，该矿的瓦斯治本措施不到位，安全风险管控工作不到位，技术管理不完善，综采工作面现场的劳动组织存在问题。同时，该矿管理者的安全知识匮乏，员工培训工作流于形式，顶板事故的相关制度不够完善，综采工作面监管过程缺乏有效调控。而导致上述问题出现的原因是该矿的安全管理体系建设不够完善，安全组织文化欠缺，管理措施不到位，即导致本事故的根本原因是组织的管理控制能力不够。

（4）根源原因。管理体系不完善的根源原因是欠缺安全文化，企业对于安全文化体系的建设决定了其人员对安全的重视程度。一些生产经营单位对于安全文化建设的认识程度不够，重视效益和利润远大于安全。因此，企业管理者能否认识到"安全与生产的关系，安全带来效益，充分的安全工作能在很大程度上减少事故发生"，决定了企业对安全文化及管理体系的健全建设情况。在本案例中，该矿在事故发生前如果对安全文化元素认识充分，健全管理体系，认真执行安全管理，本次事故就可以避免。

上述分析中，根据"2—4"模型，把企业内部的事故层层递进、分解，分别定位、分解到"2—4"模型的各个环节中，为本案例的预防对策提供了理论基础。这说明，"2—4"模型是有效、方便、实用的事故分析工具。

3．预防措施

通过运用"2-4"模型对事故原因进行分析，针对上述导致事故发生的原因，制定并采取相关预防对策防止类似事故发生。

（1）改善作业过程中人的不安全行为，培养作业者的良好习惯。以安全文化为向导开展有针对性的安全培训、完善有关制度、丰富知识、增强意识、改善习惯。结合上述顶板事故案例，在培训作业人员时，可利用现阶段的先进技术代替以前枯燥乏味的培训方式，如采用三维动画手法展现煤矿顶板事故的不安全动作；采用VR虚拟现实技术使员工在作业前亲身体验事故发生的过程等。

（2）完善安全管理体系。从企业的最高决策者和管理者到一线工人，企业应自上而下明确分工、确定管理执行和监督人员；根据《煤矿安全规程》以及其他法律法规制定出适合本企业的安全方针和目标；完善激励体制。如通过奖励、表扬员工，采取正激励鼓励员工安全生产，采取罚款、处分负激励来规范员工违章行为。

（3）重视安全文化的建设。安全文化是企业员工形成安全价值观的前提，是帮助其形成安全意识，提升其安全素质的必要条件。企业要以相关安全法规为依据，建立适应本企业的安全文化，通过安全培训等形式，提升安全文化载体建设，从而加强员工对安全文化的认识，健全安全管理体系。可借助文化载体，把安全文化用不同形式表达出来，载体形式可借助手机、电脑、多媒体、服装及企业内部各工作区等。如安全文化宣传手册、微信公众号、展板、动画、图片、视频、海报、工作服、文具、雕塑、文艺节目、安全活动等多种形式。

二、理论评述

瑞士奶酪模型相比海因里希事故模型在事故致因中加入了管理的因素，将事故原因从人的不安全行为层次转移到组织层次，是一种重要的从系统层次考虑的事故致因理论模型。但该模型仅包含组织内部因素，也没有对具体的组织因素细致分类，且更多的是停留在理论层面，对实践应用缺乏详细的指导。

行为安全"2-4"模型的提出是对现代事故致因理论的发展和继承，具有简捷且便于应用的优势，为安全事故的分析提供了坚实的理论基础，目前在煤矿、化工、公共安全、食品、航空等领域都有应用。该模型较早期的事故致因理论模型有更强的优势，具体体现在：

（1）"2-4"模型有较强的理论基础，是基于早期的海因里希事故致因模型和奶酪模型以及行为科学提出来的，其认为事故发生的直接原因是人的不安全行为和物的不安全状态，但"2-4"模型将抽象的不安全状态（如不安全的网络等）也考虑了，且特别强调物的不安全状态也是由人的不安全行为产生的。

（2）"2-4"模型中包含了全面的系统性的事故原因，每一个模块的因素都通过大量的理论研究和案例分析得到了清晰的定义。

（3）"2-4"模型是一个完整的事故致因链，事故分析路线清晰，明确了事故的组织内部因素和外部因素。首先由组织内部因素展开分析，从后（事故）向前（原因）分别确定引起事故的直接原因、间接原因、根本原因和根源原因。然后分析虚线方框外的外部因素，从而找出事故发生的所有原因。

三、行为安全管理

行为安全管理的最终目标实际上是使员工尤其是一线员工养成良好的操作习惯，核心是针对行为进行现场观察、分析与沟通，以干扰或介入的方式，促使员工认识到自身行为带来的后果，鼓励安全行为，阻止并消除不安全行为。

目前，行为安全在中国处于良好的发展态势，但实践应用还处于起步阶段。大部分应用或应用研究还是零散的，主要的应用形式还是在加强监管、行为观察方面。国际上推行行为安全管理工具的企业有很多，如美国杜邦公司的 STOP 工具（Safety Training Observation Program）、知安中心的安全加（SAFEPLUS）、英国 BP 石油公司的 ASA（Advanced Safety Auditing）、美国道化学公司的 BBP（Behavior－Based Performance）活动、德国巴斯夫公司的 AHA（Audit Help Act）工具、德国拜耳公司的 BO（Behavior Observation）工具。国内，王雨等提出的 COACH 模型是在行为安全分析研究的基础之上，参照欧美企业安全管理体系总结而来的，用单词首字母的形式来命名。COACH 包含双重含义，第一层含义为单词本意——"教练"，即在行为安全方法实施过程中要求执行人员（观察者）具备教练一样的能力与素养，热情、包容、诚挚、忍耐、公平、帮助，永远以正面的态度持之以恒。第二层含义为五个英文单词的首字母缩写，即 Care（关心）、Observe（观察）、Analyze（分析）、Communicate（沟通）、Help（帮助）。COACH 模型简单易懂，弥补了常规行为安全管理中存在的不足，且更贴合企业的实际运行情况，从而更有效并持续地提升了企业安全管理水平。

目前，大规模的行为安全应用装备、系统还很少见，行为改善还处在表层。这主要还是由科研水平决定的，研究不到位，推广自然就不到位，企业立项就不到位，应用也不到位。我们国家开展安全科学教育的时间不长，相关的研究成果还不是太多，还需要重视国外文献的作用，特别需要重视事故致因理论的研究与应用，才能够在事故致因模型上发现事故的所有原因，才能看清行为的作用，人们才能重视行为安全的作用，提高人们对行为安全的研究与应用的积极性。

第十节　其他理论

一、理论介绍

（一）STAMP 模型

STAMP（Systems－Theoretic Accident Model and Processes）是美国麻省理工学院莱文森教授针对软件密集系统于 2004 年提出的基于系统理论的事故致因与过程模型。

该理论将控制理论应用于软件安全性，综合考虑部件交互和部件失效。STAMP 将事故发生的原因看作是人们对部件失效、外部干扰、系统部件间的异常交互没有进行足够的控制而产生的，STAMP 中的基础概念包括约束，控制回路和过程模型，STAMP 事故模型如图 3-26 所示。

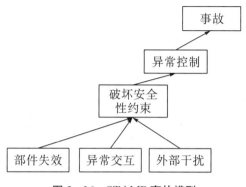

图 3-26　STAMP 事故模型

模型以系统论为基础，将系统安全性视为复杂系统的涌现性，事故发生是由与系统安全相关的约束在设计、开发和运行中被不恰当地控制或不充分地执行，组件在运行时不安全地交互引发的。根据模型，可以通过分析和评估控制结构中每个组件可能对安全产生的影响，发现控制缺陷，确定安全约束，并通过强化行为安全约束的方式，达到消除或控制风险，预防事故的目的。

（二）事故根源分析系统动力模型

2009 年，安全专家徐伟东博士基于对中国文化及现代企业安全管理的认识，提出了一个具有中国文化、人性、法规特色和由"道、将、法、行、根"组成的人本安全五项战略管理模式。其中，"道"体现现代安全管理的理念与原理，"将"体现企业安全领导力，"法"体现企业安全管理的标准和规程，"行"体现员工的行为、能力与参与，"根"体现管理评审与根源分析。徐伟东博士在 2016 年出版的《事故调查与根源分析技术》一书中，将国际上流行的事故调查与根源分析理论、方法和工具，与国内法律法规要求相结合，提出了事故根源分析系统动力模型（图 3-27）。模型的含义见表 3-10。

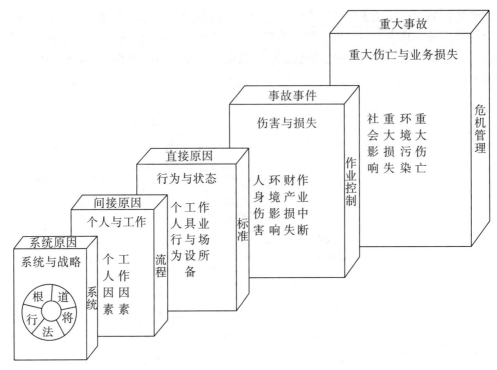

图 3−27 事故根源分析系统动力模型

表 3−10 事故根源分析系统动力模型的含义

骨牌模型动力	骨牌 1	骨牌 2	骨牌 3	骨牌 4	骨牌 5
作用层级	第 1 层	第 2 层	第 3 层	第 4 层	第 5 层
模型顶面	系统原因	间接原因	直接原因	事故事件	重大事故
模型正面	系统与战略	个人与工作	行为与状态	伤害与损失	重大伤亡与业务损失
模型竖侧	系统	流程	标准	作业控制	危机管理
模型反面	长期预防战略	中期整改计划	立即纠正措施	现场响应行动	危机管理

（三）社会技术系统视角的重大事故致因分析模型

孙爱军等在借鉴国内外关于复杂社会技术系统事故致因分析模型的研究成果基础上，结合我国的具体国情，系统地研究了社会技术系统中的各类事故致因及它们之间的层次与逻辑关系，构建出我国重大事故致因分析模型，如图 3−28 所示。图中的中间部分是社会技术风险控制的作用主体，从下至上分为 5 个层次：作业人员与危险源（F_{1a} 与 F_{1b}）、作业情境（F_2）、组织（F_3）、政府部门和其他干预部门（F_{4a} 与 F_{4b}）、社会因素（F_5），每一层次又包括不同的内容，第 i 层（$i \in \{1, 2, 3, 4, 5\}$）所包括的内容记为 F_{ij}（$j \in \{1, 2, 3, 4, 5, 6\}$）。具体作用方式分为社会干预和技术控制两列（图 3−28 中的左侧方框与右侧方框）。模型中的箭头反映不同层次元素之间存在的作用关系。技术控制的作用对象主要是物的不安全状态；社会干预的作用对象涉及人的不安全行为，也可以通过企业组织或作业情境等中间层来传递对物的不安全状态的干预，还包括通过经济发展规划来改变物的不安全状态（如对危险产业的选择方式等）。

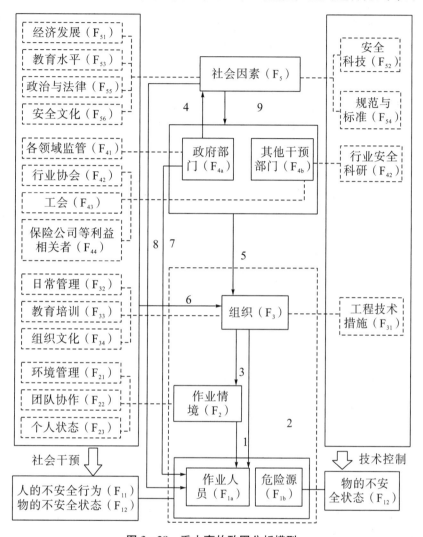

图 3－28　重大事故致因分析模型

表3－11对该模型中各要素的内容进行简单解释。其中，代号 F_{ij} 与图3－28中的代号相对应。

表 3－11　重大事故致因分析模型中各要素的解释

代号		内容说明
F_1	F_{11}	人的不安全行为，包括错误与违章两个方面
	F_{12}	物的不安全状态

代号		内容说明
F_2	F_{21}	如光线昏暗等影响个人感知判断能力等
	F_{22}	共同作业人员之间的信息传递错误、相互配合不协调等
	F_{23}	个人的精神或体力状况，个人上岗位前的准备等
F_3	F_{31}	整个生产过程或某项具体作业中的风险控制工程技术措施
	F_{32}	安全生产责任制体制、作业规程、日常隐患排查、内部各级监督检查等
	F_{33}	对员工的安全教育与培训
	F_{34}	组织内部对违章与小事故或者险肇事故的容忍程度、组织整体对风险的态度等、影响全体员工的安全态度和安全行为的企业文化、对不安全行为的奖惩等
F_4	F_{41}	消防、安全生产监督管理、特种设备监管、建设施工管理等部门
	F_{42}	行业协会进行行业安全科技研究与成果推广，统一规范要求业内企业的风险防范工作
	F_{43}	职工利益的代表，与组织进行集体谈判，提出改善作业环境的要求等
	F_{44}	保险公司、企业的投资方、上级主管部门、上下游产品的供货方等
F_5	F_{51}	经济发展整体水平（如宏观就业形势、社会贫富差距等）、产业结构（工业特别是重工业等的比重）、经济增长所依赖的人力资源与资本、能源结构、经济发展规划等
	F_{52}	国家（地区）的安全科技水平、安全专业技术队伍、科研投入等
	F_{53}	国家整体的教育水平
	F_{54}	安全操作技术标准（规范）；工艺的淘汰与限制使用标准
	F_{55}	政治因素：政府的安全监管组织体系、政府绩效考核标准、政治意识形态、政府与市场的关系、不同政府层级之间的制约方式等；法律因素：伤亡补偿赔付标准、风险控制法律的健全性、司法的公正性、人们对于司法体系的信赖程度等
	F_{56}	所有影响组织与个人的安全意识的社会文化

事故风险（R）是事故发生的概率（P）与后果严重性（C）的乘积，即 $R=P \times C$。因此，所有能够降低 P 与 C 的取值的因素都是风险控制因素，它们改变 P 与 C 取值的方式也就是对事故风险进行控制的作用机制。技术控制的作用机制：①提高全社会的科学技术水平（F_{52}）可以同时提高系统的安全科技水平，提高生产过程中的安全规范与标准（F_{54}），可以淘汰安全水平较低的许多生产工艺；②行业协会（F_{42}）可以针对本行业内的事故风险状况，进行科技攻关与成果转化，以实现行业整体安全技术控制水平提升等；③组织在生产过程中通过工程技术措施来提高作业环境中的本质安全水平。上述因素最终都会提高整个系统的可靠性，影响 P 或 C 的取值，从而达到控制事故风险的目的。社会干预的作用机制可分为如下 4 种情形：①改变人的可靠性，从而改变 P 的取值（如 F_{33} 等）；②改变组织进行安全投入的主动性（如 F_{41}、F_{55} 等）；③改变组织或个人的可接受风险水平（如 F_{34}、F_{51}、F_{53} 等），从而改变系统的可靠性，改变 P 的取值；④通过土地安全规划、产业布局规划以及企业内部工艺规划等措施降低重大危险源场所附近的人员密度，从而降低后果的严重性，改变 C 的取值，控制事故风险等。

（四）斯图尔特的事故致因链

斯图尔特在 2011 年发表的文章中，首先将安全管理分为两个层面：第一层是管理层及其言行投入，第二层由组织各个部门对安全工作的负责程度、员工参与和培训、硬件系统运行实践、安全专业人员的工作质量 4 个方面组成（图 3-29）。

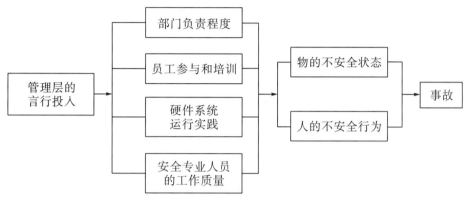

图 3-29　斯图尔特的事故致因链

图 3-29 中安全管理的两个层面的内容就是事故发生的管理原因和基本原因。从预防事故的角度来说，这两个层面是安全工作的基础和推动力。这个事故致因链不但考虑了事故的直接原因，而且比较具体地给出了间接原因和根本原因。

二、理论评述

大多数安全性分析方法都是在分析者想象的模型中完成的，分析结果不可避免地具有主观性、不完整性，并可能存在错误。STAMP 模型分析基于一个具体的模型进行，在分析的过程中都依照这个具体的模型进行分析，因此能够确保分析的结果相对于传统的方法要更客观和准确。

斯图尔特的事故致因链把管理原因基本上归结为管理层的思想与活动，认为这是导致事故的根本原因，而把中层部门和设备归结为导致事故的间接原因和安全业绩的推动力。这个事故致因链的根本原因、间接原因依然不够具体，还需要进一步具体化。

思考题

1. 如何理解事故？
2. 如何理解事故的影响因素？
3. 如何理解事故的基本特征？
4. 如何理解事故致因理论的作用？
5. 如何理解各种致因理论的优缺点？

第四章　安全人性原理

在安全系统中，人既是主体也是客体，不管设备多么坚固，防御流程多么高效，其实最薄弱的和最容易出现失误的是人。因此，以人为本是安全科学的重要指导思想。但在之前的研究中，我们比较重视安全生理和安全心理的研究，忽略了对安全人性的研究。

第一节　安全人性的特征

一、安全人性学

安全人性学是以人性学和安全科学为基础，着眼于利用与塑造安全人性和以实现劳动者的安全健康为目标，从安全人性的角度对人性变化与行为规律进行探索研究和运用的一门交叉性学科。安全人性学的研究对象是安全人性。对安全人性的研究有利于从人性本质上去解释人的不安全行为。

二、安全人性的内涵

人性是人类天然具备的基本精神属性，是难以进行客观衡量的主观存在。安全人性是指人的精神需求、物质需求、道德需求和智力需求等方面在安全中的体现，即人的各种要求在涉及安全时人的本能反应。是由生理安全欲、安全责任心、安全价值取向、工作满意度、好胜心、惰性、疲劳与随意性等多种要素构成的，这些要素综合指导人的安全行为。比如，生理安全欲是人与其他动物共同的安全属性，而安全责任心与人的理性安全选择等则是人所特有的属性。

三、安全人性的本质

人性最本质的要求是安全、健康、舒适地生活。在基础阶段，人性要满足自身的温饱问题，缺乏必要的安全技能和知识，但在人性本能中存在抗拒危险、追求安全的基本特性。基础需求满足后，人类通过总结生产生活中的经验教训，追求更高层次的安全。

通过改善"机"和"环境"，实现人—机—环境相匹配、协调的安全模式。随着安全水平的逐步提高，人性对于安全提出更高层次的要求，追求心理层次的满足，以安全人性自由发展为前提，最终达到人性安全优越的最高层次。

四、安全人性的特征

安全人性有积极与消极之分，是不变与变化的统一体，这是研究安全人性的意义所在：对于必然的、不可改变的安全人性，不能制定违背安全人性的安全伦理道德准则或法律规范，而应制定符合安全人性的安全伦理道德准则或法律规范；对于偶然的、可以改变的安全人性，应改良消极安全人性，增进与发扬积极安全人性。有的需求在一定程度上表现出来的是积极的，是有利于安全的；而有的需求则在很大程度上体现出来的是消极的，不利于安全的，故安全人性有积极与消极之分。

鉴于此，并基于人性的"X—Y理论"假设，提出安全人性的"X—Y理论"假设，安全人性的"X理论"是对安全人性的消极看法，强调的是安全人性的弱点，突出了人对安全的不良认识、思想和行为等。反之，安全人性的"Y理论"则是对安全人性的积极看法，强调的是安全人性的优点，突出了人为了个人和组织安全而主动、自控的一面。这也是我们制定安全法律法规的基础与依据。

安全人性学研究对象的特殊性、安全学科的复杂非线性使得安全人性学具有以下特性：

（1）先天遗传性。安全人性具有先天性。安全人性指导着人的安全行为，安全人性的遗传性也决定了安全心理和行为具有一定的遗传性。

（2）后天可塑性。安全人性具有后天可塑性，主要体现为后天培养，如安全技能培养、安全知识培养、安全观念培养。

（3）多维性。安全人性学分别从时间维、数量维、物质维、知识维等不同维度研究安全人性。

（4）复杂性。安全人性是复杂的，后天的安全人性受思维、情感、意志等心理活动的支配，同时受道德观、人生观和世界观的影响。

安全人性的先天遗传性是无法改变的，而后天的塑造与改变对人类的发展具有更加实际的研究价值，现阶段主要聚焦于后天可塑的安全人性。

第二节　安全人性的核心要素

一、安全人性的要素

安全人性由安全价值取向、生理安全欲、安全责任心、惰性、工作安全满意度、随意性、疲劳等多种要素构成，这些要素综合指导人的安全行为。安全人性的要素可分为正要素、中性要素和负要素。其中，正要素是促进安全行为的要素，如生理安全欲、安全责任心等；中性要素既可能促进安全行为也可能抑制安全行为，如工作安全满意度等；负要素是指引起人们不安全行为的要素，如惰性、疲劳等。

安全人性的要素是相互矛盾又相互统一的。由于作业环境、安全条件和人员素质的不同，影响作业人员安全行为的安全人性的要素可能不同。例如，新上岗的作业人员常表现出较强的责任心，但安全意识较差；在长期的安全教育培训和作业活动中，作业人员安全意识逐步增强，但责任心可能逐步向惰性倾斜。这时就需要在管理中对作业人员的安全人性进行分析和引导，以确保作业人员不出现不安全行为。

二、安全人性的组合形态

安全人性的组合形态取决于诸要素之间的相互作用，同时，安全个性、安全人性观、安全环境对安全人性的组合形态也至关重要。

（一）安全个性与安全人性的组合形态

安全个性是指个体基于一定的社会安全条件和生理素质，通过社会安全活动逐步形成的安全态度、习惯、性格与观念等。其有如下两方面的内容：①安全个性的形成与发展与先天遗传有一定关系，遗传是个体产生安全个性差异的生理基础；②社会安全环境、安全实践活动对安全个性的形成具有重要作用。

（二）安全人性观对安全人性的组合形态的影响

安全人性观对安全人性诸要素的运动与组合有着重要影响。拥有正确的安全人性观的人能重视安全问题，遵守安全规章制度，并能正确处理工作中的安全问题，其安全人性在大多数情况下处于安全人的状态。而拥有错误安全人性观的人，则轻视安全在工作中的地位，不遵守安全规章制度，其安全人性在大多数情况下处于事故多发人的状态。

对安全人性观有影响的因素主要有：社会论、人的价值、人员素质等。①社会论对安全事件的关注程度及其对安全问题的剖析深度，将直接影响人们对某些安全问题的认识、看法与重视程度；②在实际工作中，人的价值过低会使经营者在进行安全利益决策时，为换取更大的利益牺牲劳动者的安全；③人的素质，尤其是安全素质对安全人性观有很大的影响，而政府有关部门官员、公司管理决策人员、设计人员的安全素质最为重要。

（三）安全环境对安全人性的组合形态的影响

影响安全人性诸要素的运动形式与组合形态的外在环境主要有：法律的完善程度、总体管理水平、教育培训、学校教育、社会历史等。具体说明如下：①完善的安全法律法规体系，能遏制安全人性负要素的扩张、促进安全人性正要素的上升，实现安全生产。②安全人性管理是总体管理的重要子系统，其管理水平随着总体管理水平的提高而提高。③学校教育和培训能促进安全人性正要素的发展，从而引导劳动者发展为安全人。但需要说明的是，教育培训的内容应与其所从事的工作相符，且教育培训要保持阶段连续性。④社会历史的影响是指民族在其长期发展过程中形成的各种传统观念或模式

（如民族传统、风俗习惯等）的影响，其对安全人性的组合形态有重要作用。

（四）各因素之间的相互作用

安全个性、安全环境、安全人性观均通过各自的方式影响着安全人性，同时它们之间又相互联系、相互制约。应注意把安全个性、安全环境、安全人性观三者统一起来，不断调整、理顺它们之间的关系，使它们发生良性互动，达到三者组合效果最优，从而使安全人性各要素组合的合理性最优。

各要素与安全人性的关系（图4-1）应从以下3个方面进行理解：①安全个性与安全环境。每个个体都有其独特的安全个性，每种安全个性都有其适宜的安全环境，因此应针对不同的安全个性建立适宜的安全环境，通过良好的安全环境塑造安全个性。②安全个性与安全人性观。一方面，安全个性影响安全人性观的形成；另一方面，安全人性观能反作用于安全个性。③安全环境与安全人性观。首先，安全环境引导着安全人性观的形成，其次，安全人性观辅助建设安全环境。

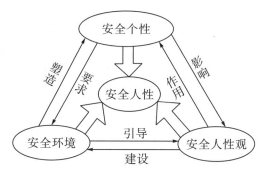

图4-1 各要素与安全人性的关系

三、安全人性的基本原理

安全人性的基本原理就是通过研究人性的基本特征规律及其对人的行为的影响，获得普适性规律，设计符合人性需求的生活、生产环境和制度等，以实现人身安全。

（一）追求安全生存优越原理

追求安全生存优越原理，即人总是追求更好的安全环境。马斯洛需求层次理论认为，人的需求是由低层次向高层次发展的，当较低层次的需求被满足之后，其上一级需求将转化为强势需要，安全人性需求也是逐级上升的，并提出了安全生存优越层次，由下至上分别是生理安全、器物安全、人—机安全、人本型安全、本质安全五个层次（图4-2）。经济与科学技术是安全需求发展的基础。经济的发展、科学的进步促使人们对于安全需求的层次上升，同时也使安全人性需求得到保障。当某些低层次的安全需求得到满足后，其对应的上一级安全需求将被激活，表现为沿经济与科学技术平台向上发展。同时，安全生存优越层次中各层次之间存在反馈，当达到某高层次时，同样需要继续满足较低层次的安全需求。

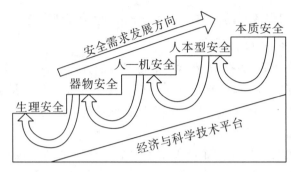

图4-2　安全生存优越层次

各安全需求层次的含义如下：

（1）生理安全是指维持个体生命所必需的安全需求。在该层次中，个体对所处领域的安全认知程度低下，缺乏基本的安全自护知识、技能及意识。该层次是安全需求的基础阶段。

（2）器物安全是指为实现机的安全所产生的安全需求。在该层次中，人类对所处领域的安全有了初步的认识。依据在安全活动中积累的经验，改善机的安全状况，实现机的相对的、暂时的安全。该层次对于安全技术的发展，减少或控制伤亡事故、财产损失等具有重要作用。

（3）人—机安全是指为实现人机匹配的安全需求。在该层次中，提出改善人与机的关系的要求，使之实现协调、匹配。该层次对避免、减少或控制伤亡事故、财产损失，提高安全效率具有指导性作用。

（4）人本型安全是指为实现人的身心安全与健康的安全需求。在该层次中，以人为本的理念引导着人类的安全生命观、安全科技能力及安全行为的发展。该层次为保障人们的身心健康、推动生产的积极性起到了巨大的推动作用。

（5）本质安全是指为实现安全人性自由的安全需求。在该层次中，个体以事物自身特性、规律为基础，通过消除或减少设备中存在的危险物质，避免危险而非控制危险。本质安全是追求安全生存优越的最高层次，是个体不断追求的目标。

（二）安全人性平衡原理

由于社会环境、安全制度、安全文化等差异，在不同的时期、地点中，安全人性可能出现3种状态：平衡、安全人、事故多发人。安全人性平衡规律详细表述如下：

（1）安全人性各要素的不可缺失性。

安全人性各要素之间没有地位高低之分，均不可缺失。以安全人性中的惰性为例，多数观点认为去除惰性对安全活动是有利的，而实际情况恰恰相反。

惰性的缺失可能会造成安全人性中的疲劳、随意性、占有欲等走向极端。一方面，这类安全人性失衡会造成群体活动混乱，从而严重影响社会公共安全；另一方面，个体可能会因为超强度、超时工作而发生疲劳，进而引发事故。因此，惰性处于一定范围内将对安全人性平衡起到积极作用，但是如果惰性超过了一定的范围，将会造成安全人性失衡。

（2）安全人性总趋势平衡性。

安全人性从总趋势和总体上来看是平衡的。该规律有两个方面的含义：①安全人性平衡并非指安全人性时刻保持平衡状态。安全人性诸要素之间总是处于相互依赖、相互矛盾与相互平衡之中，由于处于主导地位的要素不同，将会形成各种不同的安全人性组合形态；②从总的趋势来看，安全人性的运动变化是平衡的。在一个较长的时间段内，个体或群体可能会出现 3 种状态，即安全人状态、事故多发人状态、平衡态。

（3）安全人性要素扩张受限制性。

这里的限制包含如下两个方面的含义：①其他安全人性要素限制某些安全人性要素的扩张。例如，随意性的扩张要受到责任心、义务感的限制。但是，其他安全人性要素限制这些要素发展的能力是有限的。而且，某些要素的发展也造成了其他安全人性要素被限制。例如，随意性的扩张对责任心、义务感的限制。②社会的安全法规、公司的安全制度、操作手册等对某些要素扩张有限制，值得注意的是，这些要素扩张是否超出了社会的安全法规、公司的安全制度、操作手册的限制。

（4）安全人性要素变化伴随性。

安全人性要素变化伴随性是指安全人性要素的发展或收缩伴随着其他要素的发展或收缩。安全人性中诸要素之间是一个有机的系统，一个要素的扩张会引起其他要素的扩张，以保持安全人性的平衡。例如，满意度的扩张必然会伴随责任心、义务感的扩张，否则，安全人性就会失去平衡。同样，安全人性中某要素的收缩必然伴随着其他要素的收缩，例如，责任心、义务感的收缩必然会伴随惰性等要素的收缩。

能级原则便很好地运用了该规律，其强调责任、权利、利益应该做到能级对等，在赋予责任的同时授予权利和利益，使劳动者的能动性得到充分发挥。

安全人性是由生理安全欲、安全责任心、安全价值取向、工作安全满意度、惰性、疲劳、随意性等多种要素构成的。诸要素之间是相互矛盾又相互平衡的，这些要素的综合与时间的关系可以抽象为安全人性平衡模型（图 4-3）。

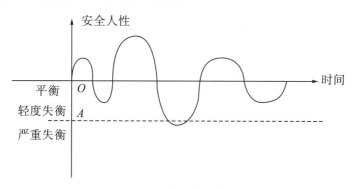

图 4-3 安全人性平衡模型

如图 4-3 所示，当安全人性处在正半轴时，为安全人状态，其振幅越大，该个体或群体越安全；当安全人性处在时间轴时，为平衡态；当安全人性处于负半轴时，为事故多发人状态，其振幅越大，该个体或群体失衡程度越严重，越容易发生事故。其中，*OA* 区为轻度失衡区，*A* 以下为严重失衡区。

(1) 安全人性轻度失衡状态。安全人性轻度失衡是指个体或群体中某个或某些安全人性负要素取得一定优势。例如，当惰性在安全人性中占一定优势，且其他安全人性正要素（如责任心、义务感等）未适度扩张时，个体或群体就会出现安全人性轻度失衡。在人类安全活动中，可能经常会发生安全人性轻度失衡，之所以能够从中恢复过来，一方面依赖于安全人性诸要素的自动调节机制，另一方面得益于安全制度、安全检查及同事之间的相互监督。人类在安全活动中总是经历着"安全人性轻度失衡→安全人性总体平衡→安全人性轻度失衡→安全人性总体平衡"这样一个反复的过程。

(2) 安全人性严重失衡状态。安全人性严重失衡是指在个体或群体安全人性中的某个或某些负要素处于完全主导地位。严重失衡分为如下两种情况：①个体或群体在面对突发安全事件时，其安全人性诸要素发生重组，安全人性负要素迅速取得绝对优势；②个体或群体由于其生长环境、受教育程度等因素的影响，其安全人性负要素在安全人性组合中长期处于优势地位。安全人性严重失衡比较难恢复，因此首先应避免出现安全人性失衡，其次是避免安全人性轻度失衡发展为严重失衡，最后才是避免安全人性严重失衡引发事故。

(3) 安全人性失衡运动模式。安全人性由总体平衡进入失衡状态，包括轻度失衡与严重失衡两种情况。如图4-4所示，安全人性失衡运动模式大致为：安全工作者受到刺激未及时调节进入轻度失衡状态，刺激的强度过大也有可能直接进入严重失衡状态；轻度失衡状态未及时调节，状态恶化，进入严重失衡状态；进入严重失衡状态时，如果调节不力就容易引发事故。一般情况下，个体或群体的安全人性易从平衡发展为失衡，而从安全人性失衡恢复到安全人性平衡则较难。个体或群体受到的刺激多种多样，一般可分为如下两类：①自身机体的刺激，如眩晕、过度疲劳、酒精药物的作用等，其受一定的年龄、生理等制约；②外部的刺激，是通过感觉器官感受到的，是工作环境中各种安全事件在人脑中的反映，如起火、设备运行不正常等。

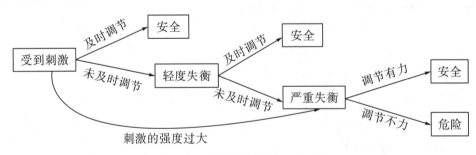

图4-4 安全人性失衡运动模式

(4) 安全人性失衡浴盆曲线。参考失效浴盆曲线提出安全人性失衡浴盆曲线，如图4-5所示。安全人性失衡浴盆曲线是指劳动者从进入一个公司到离开该公司的整个周期内，安全人性平衡状态呈现一定的规律。详细表述如下：劳动者的工作周期可简单分为3个阶段，即早期失衡期、偶然失衡期和晚期失衡期。在早期失衡期（劳动人员刚入职时期），工作环境发生改变，劳动人员要建立新的人际交往关系，适应新的安全工作环境。此时，对公司的归属感较低，环境变化有可能造成事故，即在工作初期，安全人性失衡率随时间推移逐渐下降。在偶然失衡期（这段时间一般能维持较长），劳动人员建立起稳定的交际圈和对公司的归属感，能有效理解并遵守公司的安全管理制度、安全规程等，安全人性失衡率较低。在晚期失衡期（一般在离职之前），劳动人员的责任心降低，惰性、随意性等负要素占主导，从而造成安全人性失衡率增加。

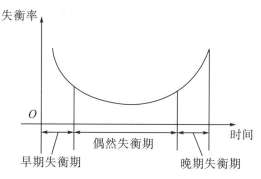

图 4—5　安全人性失衡浴盆曲线

　　根据以上分析，加强安全管理应注意以下两点：①在员工刚入职时，注重对新员工的教育培训，加快员工对公司安全制度、操作规程的熟悉进程，同时通过正式与非正式沟通增强员工之间的交流。②在员工即将离职时，做好监督工作，保证交接工作的安全进行。

　　因社会环境、安全文化的制约及个体安全修养的差异，在不同的地点、时期中，安全人性各要素叠加可能出现如下 3 种不同的结果：①趋于平衡稳定；②上升为安全人（时间轴上部）；③下降为事故多发人（时间轴下部）。虽然安全人性随时间发展沿着平衡轴线上下波动，但其总趋势是动态平衡的。

　　安全人性平衡规律如下：①安全人性是一个整体，任何要素都不可缺失。②安全人性要素的扩张受到限制。一方面，安全人性某些要素的扩张受到其他要素的限制，如责任心对好胜心的限制；另一方面，安全人性要素扩张受到社会的安全法律制度、公司的安全管理制度等的限制。③安全人性某要素的发展或收缩，必然伴随着其他要素的发展或收缩，才能保证安全人性整体平衡。例如，好胜心的扩张必须以责任心、义务感等要素的扩张为条件，如果有很强的好胜心却没有相应的责任心、义务感，可能会引发决策上的失误而造成事故。促使安全人性平衡的基本途径有如下 3 点：①正确认识安全人性是促使安全人性平衡的前提，人们对于安全人性的认识越透彻，所制定的安全的法规、安全管理制度等就越符合安全人性运动规律，反过来就越能促使安全人性的平衡；②安全教育是实现安全人性平衡的主要途径，但是，安全教育的内容、方式必须建立在对安全人性的认识之上；③安全法规、安全管理制度等是防止安全人性失衡的重要手段，对于它们的制定需要充分认识安全人性，并根据实际运行情况及时反馈修正。

　　（三）安全人性层次原理

　　从人文主义的角度，把安全人性分为两个层次：个体性和群体性。两个层次之间相互依存、相互制约、相互平衡，且同时展开、缺一不可。

　　个体性与群体性层次的含义如下：①安全人性的个体性是指每一个完善的人都具有

独特的安全个性；一方面，任何一个完善的人类个体都具有生理安全欲、安全责任心、安全价值取向等；另一方面，个体之间因所处的安全文化背景、个人性格等方面的差异，使得安全人性诸要素的组合形式、运动形态、表现程度有所不同；②安全人性的群体性是指两个或多个人有目的地结合在一起，所具有的安全人性；一方面，群体具有安全人性的任何一个要素，且一个群体的安全人性容易受到其他群体的安全人性的影响；另一方面，群体经济政治环境、安全文化的重视程度、安全培训的强度等的独特性，决定了安全人性诸要素组合形式的独特性。

对安全人性层次原理的内涵可以从以下两个方面进行解释：①牺牲群体的安全，过分追求个人安全，也会造成自己的不安全；反过来，实现了群体安全，也就实现了个人安全，即人人需要安全、安全需要人人；②个体安全是群体安全的保障，群体安全是安全工作的追求。

（四）安全人性双轨原理

威尔逊指出，基因决定人性，但基因在进化过程中又受环境的影响。安全人性双轨原理包含安全人性发展的双轨性和安全人员对安全人性态度的双轨性两方面。

安全人性发展的双轨性是指在人的发展过程中，安全人性的发展是双轨运行的，一条轨道是先天遗传，另一条轨道是后天培养。在对安全人性进行研究时，要坚持先天和后天相结合的研究方法。①安全人性的先天遗传是指安全人性具有遗传性。安全人性指导人们的安全行为，因此，安全人性的先天遗传性决定了安全行为具有先天遗传性。②安全人性的后天培养是指安全人性具有后天可塑性。安全人性的后天培养主要有以下3种方式：即安全技能培养、安全教育培养、安全管理培养。从以人为本的观点出发，后天培养不仅要实现安全人性的积极要素的发展，而且要为劳动人员提供舒适的工作环境。基于此，安全人性的后天培养首选安全技能培养，其次是安全教育培养，最后才是安全管理培养。

基于安全人性发展的双轨性，安全工作人员对安全人性的态度也应是双轨的，一条轨道是利用安全人性，另一条轨道是改造安全人性。从社会经济发展的角度看，依循人性、利用人性，则成本较低、效果较好；通过改造人性来实现社会经济发展，则成本较高、效果较差。因此，在安全工作中，主张以利用安全人性为主，改造安全人性为辅，同时值得注意的是，对安全人性的改造必须建立在尊重安全人性的基础上。

（五）安全人性回避原理

人有一种最基本的本能：驱乐避苦。基于此提出安全人性回避原理，即人们趋向安全、回避危险、避死减伤的原理。该原理兼具消极意义与积极意义。

（1）安全人性回避原理的积极意义：对于危险采用积极应对的方式。它包含两方面的内容：①当人们认定某一领域存在危险时，趋向安全、回避危险的安全人性促使人们通过各种方法积极探索，解决该领域的安全问题，这是安全科学发展以至社会发展的动力之源。②安全人性回避原理有着更深层的含义。当发现危险不能正面应对时，安全人性会引导人们采用迂回的方式。如对洪灾的防治，基于人类的科技水平采用直接抵抗的作用不大，只有采用迂回的方式，即对水道的疏通、引流。这一理论观点是实现安全的重要途径。

（2）安全人性回避原理的消极意义：对于危险采取直接躲避的方式。当人们认定某一领域存在危险时，会直接放弃对该领域的探索，使得在面对该领域的危险时无能为力。这对安全科学发展极其不利。

（3）安全人性回避原理的消极意义和积极意义之间的关系：①它们是相互矛盾、相互制约、相互联系的。②两者在一定条件下可以相互转化。当安全科技、经济水平及对该领域的重视达到一定的程度时，安全人性回避的积极意义将占主导地位，进而推动对该领域安全的探索。③当积极意义占主导地位，但安全科技、经济水平又达不到一定高度时，采用迂回的方式解决安全问题是一条重要的途径。

（六）安全人性的多面性和多样性原理

人性是自然属性与社会属性的统一，人性的自然属性包括占有性、竞争性、劳动性、食弱性、欺骗性、报复性、自卫性、好奇性、模仿性、从属性等，而人性的社会属性则包括信仰性、阶级性、法控性、道德性等。由于人性构成因素的多样性，导致每一个人都是一个独一无二的个体，每个人的形态、智力、生理、心理等均有差异，这就是人性的多样性。同时，由于人类社会的复杂性，使得一个人会同时处于多个系统中，当面对不同的社会系统时，会有不同的人性显现，这就是人性的多面性。

同理，人员的安全人性也具有多样性及多面性。在不同的环境下，人对危险的处理能力是不同的。相同的环境下在不同的时间，面对相同的风险处置，人也会呈现不同的应激性。不同时间、空间、环境、压力、氛围、刺激下等表现出来的安全人性经常发生变化和波动，有时可能判若两人。了解了安全人性的这一特性，在安全管理及培训中，要充分尊重安全人性的多面性，并允许安全人性多样性的存在。充分利用安全人性的这一特性，发掘每个人在团队中不同的角色及作用、调动人员的积极性。

（七）安全人性教训强度递增原理

事故和案件每天都会发生，但并不是所有的人都能从这些事件中得到教训和启发。这种现象可以用安全人性教训强度递增原理来解释，比如，人从事件中得到的教训程度是不一样的，同时，事件不同的严重程度给人带来的教训也是不同的。

（八）安全人性与利益的对立统一原理

对利益的追求是社会人的本性之一。出于对利益的追求，有些企业或个人为获取更高的利益，会选择牺牲在安全措施、安全防护装置、人员安全培训等方面的安全成本支出，这可以理解为安全与利益的对立性。但是，如果增加安全投入，会相应地提高生产的安全性，避免不必要的人员伤亡和财产损失。因此，在某种程度下，安全与利益又是统一的。

（九）安全人性淡忘原理

深刻的痛感及危机感会随着时间的推移而淡化，而当初的那种对危险后的醒悟和事后对于风险排除的信念也会渐渐减弱。

（十）当下为安而逸的人性（安全惰性）原理

惰性是人的本性之一，是不易改变的落后习性。当下为安而逸的人性原理表达的是：在多数情况下，人们会将安全的状态作为想当然的理想状态，在还没有遇到可见的风险时，一般很少会主动思考有哪些潜在风险，并采取措施来避免风险。这种安全惰性存在的原因是人危机感过低，认为自己不会碰到危险。

（十一）安全感性先于理性原理

人在某种可能存在危险的环境中对于风险的判断，最开始往往是依据感性的直观判断，凭表象感知危险。对某种安全现象的判断，人会更加倾向于利用肉眼观察到的现象分析风险，这就是所谓的安全感性先于理性原理。但在现实中，理性的安全分析比感性的表象感知更具有指导意义，也更加客观。因此，应针对该原理，对人员进行危险认知的理性的指导，使人员克服感性判断先于理性判断的缺陷，更加客观地评估可能面对的风险。

（十二）忽视小概率事件的人性原理

面对小概率事件时，人会表现出侥幸心理和冒险心理，由于小概率事件发生的概率低，人在活动或工程操作时，会侥幸地认为自己不会遇到危险，从而忽略了必要的安全防护，进行冒险行为。

思考题

1. 如何理解安全人性研究的必要性？
2. 如何理解人性在安全方面表现出的共同规律？
3. 如何理解安全人性的核心要素？
4. 如何理解安全人性的基本原理？

第五章　安全社会科学原理

安全社会科学原理主要是从伦理道德、文化、教育和经济等方面对安全现象和本质进行研究，探讨社会科学诸多方面的变化对人的安全状况所造成的影响，进而从社会科学的角度提出保障人的生命安全和财产安全的有效措施。

第一节　安全伦理道德原理

一、安全伦理道德的概念

（一）安全伦理的概念

安全伦理是指将一般伦理原则的保存生命原则与生存—自由—平等的正义原则在安全活动中应用，它以人们在生存、生产和生活等安全活动领域中的安全道德现象为对象，并对生存、生产和生活等安全保障制度进行伦理批判，由此得出从事安全活动的主体（如政府及其机构、风险决策者、企业、安全管理者及利益相关者）为社会成员提供更多安全保障及足够的安全资源时必须遵循的安全制度和道德规范。安全伦理的核心思想是尊重生命，它要处理的问题是人对自己和对社会的态度的问题。

为了提供足够的安全资源和良好的安全条件，更有效地提供坚实的社会安全保障基础，实现安全活动，满足人类个体的安全需要，就需要安全伦理或安全行为道德规范来限制不道德的安全活动和利益冲突。这一功能与目的决定了安全伦理的基本问题：提供足够的、充分的安全资源和良好的安全条件以增进个体的安全利益，政府、企业、商业组织与相关利益者和个人在安全活动中应当遵循什么样的伦理道德规范。

（二）安全道德的概念

安全道德是指政府部门、企业、商业及风险决策者和利益相关个人在安全活动中所表现出的职业道德。安全道德是一个涉及自觉的意义和价值的活动，是人们面对种种需要而涉及彼此利与害的一种自觉行为。

从安全道德与职业道德的关系看，安全道德就是职业道德。安全职业道德是一种在特定的社会分工中形成的安全职业活动的道德。在安全职业活动中，涉及各种利益，尤其涉及生命健康利害关系的安全职业行为，因此，安全道德属于一种安全职业道德。

125

从安全道德与群体职业道德的关系看，安全道德也属于一种制度道德。

（三）安全伦理与安全道德的关系

安全伦理的第一要义是保存生命，核心价值是以人的生命健康为本，其基本道德要求是关注安全、关爱生命，以实现社会正义。安全伦理道德研究必将会涉及安全道德真善、安全道德正义、安全道德良心、安全道德权利与义务、安全道德责任。

二、安全伦理道德的作用及原则

（一）安全伦理道德的作用

安全伦理道德之所以起作用，其原因有二：一是它能内化为个人的行为，使人成为一个具有高尚品格的"道德人"；二是在安全活动中，它能调节人与人之间的关系。

（1）人与人的关系。现代安全管理已经从物本主义管理走向了人本主义管理，即为了人和人的管理，为了人就是将保障职工的生命安全当作安全工作的首要任务。人的管理就是充分调动每个职工的主观能动性和创造性，让每个职工主动参与安全管理。同时，现代安全管理也是系统安全管理，它强调系统规划、研究、制造、试验和使用等环节都要进行安全管理，以保证系统的最佳安全状态。这样，就把与某种产品（或服务）有关的人（含法人）全部"卷入"这种关系中。

（2）人与自然的关系。自然界的规则运动为人类的存在和发展提供了条件。然而，它的不规则运动却给人类的生命和财产带来了损失，如地震、洪水、飓风、物种灭绝、生态环境改变等。当它们与人们的生命财产联系在一起时，就构成了人类的安全问题。人与自然的关系也应该由道德来加以调节，因此，生态安全道德是人类应当树立的道德。安全伦理道德关系是主观的社会关系，也是客观的特殊社会关系。这种客观性表现在它要受到社会制度的影响，也受到不同利益集团、阶层、个人安全经济利益的制约。

（二）安全伦理道德的原则

（1）保存生命的原则。保存生命的原则就是维护人类每一个个体的生命及其健康利益。它是最基本、最核心的原则，是人类道德体系中最基本、最底层的伦理原则，或称为底线伦理道德。

（2）尊重生命的原则。生存权、安全权或追求幸福的权力是人权的基本内容。安全权利原则要求权利只能被另一个更基本或更重要的权利所超越，如生命权利。在人类道德体系中，保存和尊重人的生命的道德是最基础的道德，也是最核心的道德，这是由人的生命是最高价值和最普遍的价值所决定的。因为人的生命是实现其他一切价值的基础。在价值的世界观中没有任何一种价值可以与人的生命等价，因此人的生命是无价的，其具有最高价值，决不能将其作为工具。

（3）安全正义原则。按照"生命—自由—平等"的伦理正义建立特定的安全基本道德原则及准则。

（三）倡导道德反省态度，唾弃道德不反省态度

（1）道德反省的哲学态度。道德反省是指风险决策者或风险生产者在确定财富、权

力获得与安全获得的优先价值标准时，追问行为者自身：①是否将人的生命安全权利放在首位，作为优先的价值标准，并将其作为决策或政策的出发点；②当风险政策或决定所产生的伤害事故发生时，自己是否感到道德的沉重分量；③伤害事故原本可以预防或避免，但由于自己的主观原因而人为造成伤害事故后，风险决策者或事故生产者会受到自我谴责。就一般意义上讲，安全道德反省可以促使人类诉诸理性反思，反省所有与人类生产安全活动相关的道德教义或道德规范的基础和作用，并决定取舍。

（2）道德不反省的哲学态度。道德不反省的哲学态度大体分为以下 3 种情况：

①不反省态度，即行为者对伦理道德持一种完全相对主义或虚无主义的固定态度，或者同时伴有一种极端个人利己主义或极端个人权力主义的观点；内心无任何焦虑、廉耻及同情之心，对风险决策及伤害事故不做自身道德反省；相反，对安全活动中的道德反省持一种完全排斥的态度。

②基于群体、集体、国家、社会整体的利益的观点盲目或狂热地相信某种宗教教义或意识形态政治信条，同样也会失去自身的道德反省和独立思考能力。

③道德不反省的哲学态度是对安全问题视而不见、充耳不闻、淡漠不问的观点。持有该看法的人往往是消极的安全相对论者，其实它也是一种极端安全相对主义观点，其危害性在于它不会使人反省安全活动中的道德因素，因此更不会积极地采取安全措施做到足够的安全或更安全。该观点往往认可现存的安全危机或安全问题，并将它视为一种社会发展的正常状态。

（四）倡导道德安全管理，唾弃不道德安全管理

在实际的安全生产中，伦理或道德是安全生产的一个重要特征。现代安全活动实质上是一种管理活动，即对风险决策或安全政策进行制定，以规避风险、防范事故发生为目的，对风险决策或安全政策的制定、安全监管和安全生产等安全管理行为作出道德判断是有重要意义的。依据以人为本和人权伦理理论，可以发现有些安全生产行为是道德的，有些是不道德。因此，依据道德判断的根据，可以将安全管理分为道德性和不道德性两种伦理模式。

（1）不道德的安全管理。不道德的安全管理是指不遵守以人为本的伦理原则或人权道德规范，并明显对以人为本的伦理原则和人权道德规范持有一种反对立场的管理模式。该模式认为，安全生产或安全管理的动机是自私的，它只关心或者主要关心自己组织或个人的利益。其表现为，当财富获得与安全获得发生冲突时，风险决策者与相关的安全管理人员的行为与保存生命的原则和关爱生命的道德规范要求完全相反，其目的是追求盈利。组织或个人不惜以他人生命健康为代价达到经济或政绩目标。因此，风险决策者或安全管理人员不关心他人的生命与健康，也不尊重他人希望被公平对待的要求。

此外，不道德的安全管理是一种非法行为。应该看到，法律是最低程度的底线伦理。但在不道德的安全管理模式下，法律标准被视为一种障碍，风险决策者和安全管理人员为了达到其目的千方百计地绕过或者克服这个障碍。因此，不道德的安全管理不仅是一种积极反对伦理规范的行为，还是一种非法行为。导致不道德的安全管理的主要原因是：风险决策者和安全管理人员认为，安全问题是在所难免的，无论采取什么样的安全生产行动，都必须考虑这个行动是否有利可图。

由不道德的安全管理导致的事故经常发生。这都是由于管理活动的决策者的决策或行为奉行的是个人或集团利己主义原则，以私利为中心，不关心他人的生命与健康，千方百计地追求利润最大化而置他人的生命与健康于不顾。由此可见，在实际的安全管理决策中，不道德的安全管理决策者或安全管理人员会无视伦理道德原则与道德规范，根本不考虑其产生的后果对他人和社会是否公正和应承担的责任。

（2）道德的安全管理。与不道德的安全管理相对的是道德的安全管理，即遵守以人为本的伦理行为的最高标准或行业行为标准。尽管决策者可能不太清楚伦理标准，但其把安全管理的重点放在高的伦理标准和行为标准上，其动机、目的和方向定位在遵守法律和以人为本的要求的风险决策上。

道德的安全管理也希望成功，但仅限于在合理的伦理规范内，即强调人的生命的宝贵价值，不以牺牲精神文明、环境、人的生命为代价换取政绩与利润。在具体的安全生产中，根据安全道德的标准（如尊重个人的安全权利），公正、公平和适当地实施安全生产。因此，道德的安全管理模式是公平、均衡、无私的。

道德的安全管理模式的特点表现为：由一系列伦理观念作为安全生产的人伦指导理念，并内化为管理者的道德力量。

安全伦理道德原理涉及伦理学，主要内容有价值、善与恶、应该与正当、事实与是非、伦理学公理与公设、道德价值主体、道德界说、道德结构、美德伦理学原理、道德的本质特征、道德的功能和作用、道德主体和道德标准、道德行为的选择、道德评价、人生观和人生价值、人生理想、道德心理和道德品质、道德人格和理想人格、道德教育和道德修养等。

第二节　安全文化原理

安全文化反映的是在一定时期和地域条件下，组织和个人明显地或隐含地处理安全问题的方式和机制。人们发现仅靠科技手段往往达不到生产的本质安全化，而需要有科学的管理手段和安全文化作为补充和支撑。好的安全文化体现在人们处理安全问题的机制和方式上，其不仅有利于弥补安全管理的漏洞和不足，而且对预防事故、实现生产的长治久安具有重要的支撑作用。

一、安全文化概述

（一）安全文化的定义

要定义安全文化，首先需要参考文化的概念。目前，文化的定义有很多种。显然，从不同的角度，在不同的领域针对不同的应用目的，对文化的理解和定义是不同的。文化不仅是通常说的教育文学知识的代名词，而且是人类活动所创造的精神和物质的总和。

安全文化是伴随着人类的产生而产生的，并随之得到了创造、继承和发展。

1986 年，国际原子能机构国际核安全咨询组（INSAG）在其提交的《关于切尔诺贝利核电厂事故后审评会议的总结报告》中使用了"安全文化"一词，标志着核安全文化概念被正式引入核安全领域。同年，美国国家航空航天局（NASA）也将安全文化的理念应用到航空航天的安全管理工作中。1988 年，国际原子能机构又在《核电厂基本安全原则》中将安全文化理念作为一种重要的管理原则予以落实，并渗透到核电厂及核能相关领域中。随后，国际原子能机构和英国保健安全委员会核设施安全咨询委员会相继对安全文化的定义进行了阐述和修正。

由于对文化的理解不同，对安全文化的定义也会有所不同。目前，一般从狭义和广义两个角度定义安全文化。

（1）狭义的安全文化定义。

国际原子能机构认为，安全文化是存在于单位和个人中的种种素质和态度的总和。西南交通大学曹琦教授认为安全文化是安全价值观和安全行为准则的总和。也有人认为，安全文化是社会文化和企业文化的一部分，特别是以企业安全生产为研究领域，以事故预防为主要目标。还有人认为，安全文化是利用安全宣传、安全教育、安全文艺、安全文学等文化手段开展的安全活动。

（2）广义的安全文化定义。

广义的安全文化包括了广义的安全和文化两个概念，安全不仅涵盖了生产安全，也包括了生活领域的安全。文化的概念不仅包括观念文化、行为文化、管理文化，也包括体育文化、环境文化等。

英国保健安全委员会核设施安全咨询委员会认为，一个单位的安全文化是个人和集体的价值观、态度、能力和行为方式的综合产物。美国学者道格拉斯·韦格曼等人认为，安全文化是由一个组织的各层次、各群体中的每一个人所长期保持的，对职工安全和公众安全的价值及优先性的认识。

中国劳动保护科学技术学会徐德蜀研究员将安全文化定义为：在人类生存、繁衍和发展过程中，在其从事生产、生活的各个领域甚至实践活动中，为了保障人的身心安全（包括健康），使其能够安全舒适、高效地进行一切活动，预防、避免、控制和消除事故和灾难（自然或人为），为建立安全可靠、和谐协调的环境，使人类更安全、更幸福、更长寿，使世界变得更友好、和平、繁荣而创造的安全物质财富和安全精神财富的总和。

国内研究者在综合分析了大量关于安全文化的定义后，提出：安全文化是在人类生存、繁衍和发展的历程中，在其从事生产、生活乃至实践的一切领域内创造的安全物质财富和精神财富的总和，包括精神、观念、行为和身体状态的总和。

（二）安全文化的研究对象

安全文化是以辩证、历史、唯物的文化观，研究人类在生存、繁衍和发展的历程中，在生产及实践活动的一切领域内，为保障人类身心安全与健康，并使其能安全、健康、舒适、高效地从事一切活动所产生的文化现象，达到预防、控制、减轻灾害和风险造成的物质和精神损失的目的。其重点是研究如何在自然环境（生产、生活与生存）和社会环境（人文）中保护人们的身心安全与健康。

研究对象突出了人的身心安全与健康，其包括为实现此目标而创造的安全物质及精神范畴的一切财富、一切环境，即一切为之服务和提供保障的安全"硬件"和安全"软件"。安全文化的研究强调大安全文化观，即广义安全文化观研究的对象和范围。

（三）安全文化的研究范围

安全文化涉及人类生存、繁衍和发展历程中人类所从事的生产、生活乃至生存活动的一切领域。随着社会的发展，安全文化的研究范围已从安全技术的领域拓展到非技术的安全领域，从自然科学领域拓展到社会科学领域，且发展到安全经济学、安全心理学、安全行为学、安全思维学、安全法学、安全人机工效学、安全教育学等领域。

当代人的身心安全与健康，在任何时候、任何地方、任何活动空间都必须有可靠的安全保障及和谐安全的社会环境。而在不同时候、不同地方和不同的空间会形成不同的安全文化。例如，从安全科技文化的角度，就可以给出很多的分支，科学仅是一种特殊的文化过程，因为科学是文化的一种载体，文化是科学的基础和母体。在一定的社会时代、一定的经济基础、一定的文化背景下，有什么样的文化，就有可能出现与之相应的文化领域。

从安全文化与安全科学的关系、安全文化研究的对象及安全文化活动所涉及的一切领域可以看出，研究安全问题，探讨人类从事一切活动的身心安全与健康问题，必须树立大安全观。大安全观作为一个永恒发展的安全哲学观和安全科技观，其必然涉及人类生产、生活和生存的各个领域。

二、安全文化的主要作用

随着社会的快速发展，人类在生活和生产过程中所面临的安全问题已发生了重大改变。在生产和生活过程中，保障安全的因素包括安全环境、机械设备的可靠性及安全管理的科学性，但归根结底还是人的安全技能、知识、态度和意识等。安全文化的建设对于提高人的安全素质具有重要作用。

（一）安全认识的导向作用

安全文化对全体社会成员的安全意识、观念、态度、行为具有较强的引导作用。安全文化承载着较多安全生产和生活经验，广大社会成员可从中了解正确的安全意识、态度和信念，从而提高自身的安全文化意识和素质。对于不同层次、不同生产或生活领域、不同社会角色和社会责任的人，安全文化的导向作用既有相同之处，也有不同之处。例如，对于安全意识和态度，无论什么人都应是一致的；而对于安全的观念和具体的行为方式，则会随具体的层次、角色、环境和责任的不同而不同。

（二）安全观念的更新作用

随着人们生活条件的改善，对待安全的态度也在不断发生变化。安全文化给人民大众及企业员工提供了适应深化改革、开放进取的安全新观念和新意识，使其对安全的价值和作用有正确的认识和理解，有利于其树立科学的安全人生观和现代安全价值观，从而采用新的安全意识和新的安全观点指导自身的活动，规范自己的行为，更有效地推动安全生产并保护自己。

（三）安全文化的凝聚作用

安全文化是以人为本、尊重人权、关爱生命的大众文化，是保护社会成员安全与健康的手段。社会及企业都要尽力为人们的安全与健康创造条件，遵纪守法、尽职尽责、珍惜生命、爱护大众、关爱职工，以独特的企业安全文化，体现尊重人、爱护人、信任人，建立平等、互尊、互敬的人际关系，树立一种共同的安全价值观，形成共同遵守的安全行为规范。通过安全文化知识的传播、宣传和教育，形成人人需要安全，人人都会安全，人人都为安全尽义务、做贡献的新风尚，显示出安全文化对大众安全与健康需求的特殊的黏合、凝聚功能。

（四）以人为本的激励作用

安全是人民大众和企业员工最基本的需求，并受到国家法律保护，员工的劳动安全和劳动保护是法定的。社会有了正确的安全文化机制和强大的安全文化氛围，人的安全价值和人权才能得到最大程度的尊重和保护。通过对安全观念文化和行为文化的建设，可以激励个人安全行为的自觉性。对于企业决策者来说，就是要对安全生产引起足够的重视并进行积极的管理；对于员工来说，则是激励其更加重视安全，自觉遵章守纪。

（五）安全行为的规范作用

安全文化可以规范人的安全行为，使每一个社会成员都能意识到安全的含义、安全的责任、应具有的道德，从而能自觉地规范自身的安全行为，也能自觉地帮助他人规范安全行为。

（六）安全生产的动力作用

安全文化建设的目的之一，是树立正确的安全文明生产的思想、观念及行为准则，使员工具有强烈的安全使命感，并产生巨大的工作推动力。心理学表明，越能认识行为的意义，行为的社会意义越明显，越能产生行为的推动力。倡导安全文化正是帮助员工认识安全文化的意义，从"要我安全"转变为"我要安全"，进而发展到"我会安全"的能动过程。

（七）安全知识的传播作用

通过安全文化的教育功能，采用各种传统和现代的安全文化教育方式，对员工进行各种传统和现代的安全文化教育，包括对各种安全常识、安全技能、安全态度、安全意识、安全法规等的教育，从而广泛地传播安全文化知识和安全科学技术。

三、安全文化的层次结构

从安全文化的形态来说，安全文化的层次结构主要包含安全观念文化、安全行为文化、安全管理文化和安全物态文化。安全观念文化是安全文化的精神层，也是安全文化的核心层；安全行为文化和安全管理文化是中层部分；安全物态文化是表层部分，或称为安全文化的物质层。安全文化的层次结构如图5-1所示。

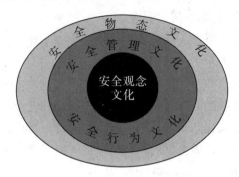

图5-1　安全文化的层次结构

（一）安全观念文化

安全观念文化主要是指决策者和大众共同接受的安全意识、安全理念、安全价值标准。安全观念文化是安全文化的核心和灵魂，是形成和提高安全行为文化、安全管理文化和安全物态文化的基础和原因。目前，需要建立的安全观念文化主要有：预防为主的观念，安全也是生产力的观念，安全第一、以人为本的观念，安全就是效益的观念，安全性是生活质量的观念，风险最小化的观念，最适安全性的观念，安全超前的观念，安全管理科学化的观念等。同时，还要有自我保护的意识、保险防范的意识、防患于未然的意识等。

（二）安全行为文化

安全行为文化是指在安全观念文化的指导下，人们在生产和生活过程中所表现出的安全行为准则、思维方式、行为模式等。安全行为文化既是安全观念文化的反映，同时又作用并改变安全观念文化。现代社会需要人具有的安全行为文化有进行科学的安全思考、强化高质量的安全学习、执行严格的安全规范、进行科学的安全领导和指挥、掌握必需的应急自救技能、进行合理的安全操作等。

（三）安全管理文化

安全管理文化对社会组织（或企业）和组织人员的行为产生规范性、约束性影响和作用，集中体现安全观念文化和安全物态文化对领导和员工的要求。安全管理文化的建设包括建立法制观念、强化法治意识、端正法制态度，科学地制定法规、标准和规章，严格的执法程序和自觉地守法行为等。同时，安全管理文化建设还包括行政手段的改善和合理化、经济手段的建立与强化等。

（四）安全物态文化

安全物态文化是安全文化的表层部分，是形成安全观念文化和安全行为文化的条件。安全物态文化往往能体现出组织或企业领导的安全认识和态度，反映企业安全管理的理念和哲学，折射出安全行为文化的成效。因此，物质既是文化的体现，又是文化发展的基础。对于企业来说，安全物态文化主要体现在：人类技术和生活方式与生产工艺的本质安全性，生产和生活中所使用的技术和工具等及与自然相适应的安全装置、仪器、工具等物态本身的安全条件和安全可靠性。

四、企业安全文化的建设

（一）企业安全文化的定义

企业安全文化是企业在长期生产经营活动中形成的或有意识塑造的，为全体员工接受、遵循的，具有企业特色的安全思想和意识、安全作风和态度、安全管理机制及行为规范，企业的安全生产目标和企业的安全进取精神，保护员工身心安全与健康而创造的安全、舒适的生产、生活环境和条件，防灾避难应急的安全设备和措施等企业安全生产的形象，安全的价值观、安全的审美观、安全的心理素质和企业的安全风貌、习俗等种种企业安全物质财富和企业安全精神财富的总和。企业安全文化包括保护员工在从事生产经营活动过程中的身心安全与健康，既包括无损无害、不伤不亡的物质条件和作业环境，也包括职工对安全的意识、信念、价值观、经营思想、道德规范、企业安全激励、进取精神等安全相关的精神因素。

（二）企业安全文化的特点

（1）企业安全文化是指企业在生产过程和经营活动中为保障企业安全生产，保护员工身心安全与健康所进行的文化实践活动。

（2）企业安全文化与企业文化目标是基本一致的，都着重于人的精神、人的积极因素和主人翁责任感，即以人为本，以人的"灵性"管理为基础。

（3）企业安全文化更强调企业的安全形象、安全奋斗目标、激励精神、安全价值观和安全生产及产品安全质量等，对员工有很强的吸引力。

（三）企业安全文化建设介绍

1. 企业安全文化建设的目标

（1）全面提高企业全员的安全文化素质。

企业安全文化建设应以培养员工安全价值观念为首要目标，分层次、有重点、全面地提高企业员工的安全文化素质。对决策层的要求起点要高，不但要树立"安全第一、预防为主""安全就是效益""关爱生命、以人为本"等基本安全理念，还要了解安全生产相关法律法规，勇于承担安全责任。企业管理层应掌握安全生产方面的管理知识，熟悉安全生产相关法规和技术标准，做好企业安全生产教育、培训和宣传等工作。企业操作层，即基层职工不但要自觉培养安全生产的意识，还应主动掌握必需的生产安全技能。

（2）提高企业安全管理的水平和层次。

管理活动是人类发展的重要组成部分，广泛体现在社会文化活动中。企业安全文化建设的目标之一是提升企业安全管理水平和层次。传统安全管理必须向现代安全管理转变，无论是管理思想、管理理念，还是管理方法、管理模式等都需要进一步改进。

（3）营造浓厚的安全生产氛围。

通过丰富多彩的企业安全文化活动，在企业内部营造一种"关注安全，关爱生命"的良好氛围，促使企业更多的人和群体对安全产生新的、正确的认识和理解，将全体员工的安全需要转化为具体的愿景、目标、信条和行为准则，成为员工安全生产的精神动力，并为企业的安全生产目标而努力。

（4）树立企业良好的外部形象。

企业文化作为企业的商誉资源，是企业核心竞争力的一个重要体现。企业安全文化建设的目标之一是树立企业良好的外部形象，提升企业核心竞争力中的"软"实力，在企业投标、信贷、寻求合作、占有市场、吸引人才等方面发挥出巨大的作用。

2. 企业安全文化建设的模式

模式是研究和表现事物规律的一种方式，具有系统化、规范化、功能化的特点。它能简洁、明了地反映事物的过程、逻辑、功能、要素及其关系，是一种科学的方法论。研究安全文化建设的模式，就是期望用一种直观、简明的概念模式把安全文化建设的规律表现出来，以有效而清晰的方法指导安全文化建设实践。根据安全文化的理论体系与层次结构，可从安全观念文化、安全管理文化、安全行为文化和安全物态文化四个方面构建安全文化建设的层次模式，以企业安全文化建设的层次结构模式为例，如图5－2所示。

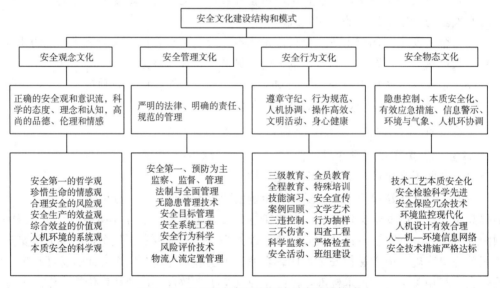

图5－2　企业安全文化建设的层次结构模式

安全文化建设的层次结构模式归纳了安全文化建设的形态与层次结构的内涵和联系。横向结构体系包括观念、管理、行为和物态四个安全文化方向。纵向结构体系按层次系统划分：第一个层次是安全文化的形态，第二个层次是安全文化建设的目标体系，第三个层次是安全文化建设的模式和方法体系。

根据系统工程的思想，还可以设计出安全文化建设的系统工程模式。即从建设领域、建设对象、建设目标、建设方法四个层次的系统出发，将一个企业安全文化建设所涉及的系统分为企业内部和企业外部。只有全面地进行系统建设，企业的安全生产才有文化的基础和保障。不同行业的安全文化建设的情况不同。例如，交通、民航、石油化工、商业与娱乐行业，安全文化建设就不能只考虑在企业或行业内部进行，必须考虑外部或社会系统的建设问题。因此，企业安全文化建设系统工程如图 5—3 所示。

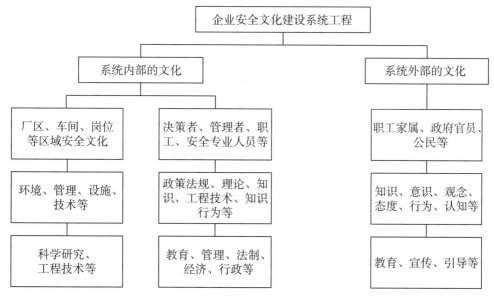

图 5—3 企业安全文化建设系统工程

3. 企业安全文化建设的方式

企业安全文化是企业文化的重要组成部分。因此，企业应当将安全文化作为企业文化培育和发展的一个突出重点。具体来说，企业安全文化建设可通过如下方式进行：

（1）班组及职工的安全文化建设。

倡导科学、有效的基层安全文化建设手段，如三级教育（333 模式）、特殊教育、检修前教育、开停车教育、日常教育、持证上岗、班前安全活动、标准化岗位和班组建设、技能演练和三不伤害活动等。推行现代的安全文化建设手段，主要有以下 8 种："三群"（群策、群力、群管）对策、班组建小家活动、"绿色工程"建设、事故判定技术、危险预知活动、风险报告机制、家属安全教育、"仿真"（应急）演习等。

（2）管理层及决策者的安全文化建设。

运用传统有效的安全文化建设手段，如全面安全管理、"四全"安全活动、全员安全责任制体系、定期检查制、有效的行政管理、经济奖惩、岗位责任制大检查等。推行现代的安全文化建设手段，主要有三同步原则、目标管理法、无隐患管理法、系统科学管理、系统安全评价、动态风险预警模式、应急救援预案、事故保险对策等。

（3）生产现场的安全文化建设。

运用传统的安全文化建设手段，如安全标语、安全标志（禁止标志、警告标志、指令标志等）、事故警示牌等。推行现代的安全文化建设手段，主要有技术及工艺的本质安全化、安全标准化建设、车间安全生产工作日计时、三防管理（尘、毒、烟）、四查工程（岗位、班组、车间、厂区）、三点控制（事故多发点、危险点、危害点）以及安全目视化管理等。

（4）企业人文环境的安全文化建设。

运用传统的安全文化建设手段，如安全宣传墙报、安全生产周（日、月）、安全竞赛活动、安全演讲比赛、事故报告会等。推行现代的安全文化建设手段，主要有安全文艺（晚会、电影、电视、情景剧、短视频）活动、安全文化月（周、日）、事故祭日（或建事故警示碑）、安全贺年活动、安全宣传的"三个一"工程（一场晚会、一幅新标语、一块墙报）、青年职工的"六个一"工程（查一个事故隐患、提一条安全建议、创一条安全警示语、讲一件事故教训、当一周安全监督员、献一笔安全经费）等。

第三节　安全教育原理

一、安全教育学原理概述

安全教育是以获得安全意识、素养、知识及某种特定技能为目的的教育。安全教育学是以安全科学和教育科学为理论基础，以保护人的身心安全健康为目的，对安全领域中的一切与教育和培训等活动有关的现象、规律进行研究的一门应用性交叉学科。安全教育学原理主要指在研究安全教育基础理论、安全教育方法学、安全教育手段与模式等过程中获得的普适性基本规律。

安全教育学原理主要研究安全教育系统中教育者、教育受众、教育信息、教育媒体和教育环境之间的协同关系，探讨如何使安全教育符合教育主体的生理学、心理学、社会学、管理学等特性，使得各教育要素相互配合以达到高效、高质的教育效果。同时，探索如何使安全教育系统保持动态发展，以满足安全科学技术进步所带来的需求，并最终实现安全目标。

二、安全教育学的核心原理及其内涵

（一）安全教育双主导向原理

安全教育学必须充分调动受众的主观能动性与内驱力以呈现其系统中的主体性。安全教育双主导向原理可以理解为：以教育学的双边性理论为基础，充分发挥教育者在安全教育活动中的主导性，将专业的安全知识、安全技能及安全素养等教育信息以系统化、有序化的方法传播给受众；同时，通过刺激机制，激发教育受众的内在潜力与学习动机，使受众自发产生进行安全教育的需求。安全教育双主导向原理的内涵可从以下4个方面进行解释：

（1）安全教育者能够对整个安全教育过程进行科学系统的安排，并且通过自身的教育影响使受众获取知识，其自身所表现出的教育态度直接影响着受众接纳安全知识的程度，因此安全教育者在教育活动中起着直接的主导作用。

（2）由于安全教育所产生的安全效益具有间接性、潜在性的特征，因此很多人会对安全教育活动产生懈怠，主要表现在安全意识薄弱、安全责任心不强等方面。因此，要将安全教育的"要我安全"转变为"我要安全"，真正地从心理层面调动员工的积极性，使安全教育成为员工的内在需求，即变被动地接受安全教育为主动要求安全教育，实现从客体到主体的实质性转变。

（3）强调安全教育的内驱动力，通过内在响应的刺激来重塑受众的意识、情绪、行为、态度、素质，使受众认清自身在安全生产工作中的主体地位、价值和作用。当员工的内驱力的方向与社会所期望的方向一致时，安全教育才能最大限度地发挥效用。

（4）事故往往在系统最薄弱的地方发生，将该规律运用到安全教育领域，具体指安全生产的水平取决于安全技能、安全意识最薄弱的那部分员工，因此安全教育的实施要保证全员性。安全教育是安全生产的前提与基础，接受安全教育应是每个员工发自内心的要求，只有广大员工的安全意识水平、责任感得到提升，行为有所改变，安全教育才算是有成效的。

（二）安全教育反复原理

安全教育的机理遵循着心理学的一般规律：生产过程中的潜变、异常、危险、事故给人以刺激，由神经输入大脑，大脑根据已有的安全意识对刺激做出判断，形成有目的、有方向的行动。由于人的生理、心理特性决定人在学习事物的过程中都会出现遗忘现象，同时事故发生的偶然性也会引起正确反应的消退，导致的后果便是对安全教育信息的错认。因此要定期、反复地进行安全教育，以确保受众的安全技能、安全意识处于正确的反应状态下。人的安全行为、意识需要反复持续的教育刺激才能得以维持。安全教育反复原理的内涵可从以下3个方面进行解释：

（1）安全技能是通过练习巩固得到的动作方式，安全教育最终要应用于实践操作，而操作性质的行为需要通过反复的反应前后的刺激来强化。

（2）安全教育包含安全意识的培养，而意识需要通过反复多次的刺激才能形成，其形成历程是长期的，甚至贯穿人的一生，并在人的所有行为中体现出来，因此只有不断地反复教育才能有助于员工形成正确的安全意识。

（3）安全教育反复原理并不是为了巩固知识而进行的单调重复，而是要将知识概念与多样的实例、环境、情景相联系并结合起来，建构多角度的背景意义，从不同的侧面理解教育内容的含义，以此维持和加深安全教育的刺激。

（三）安全教育层次经验原理

安全教育应尽可能地给受众输入多种刺激，促使受众形成安全意识、做出有利安全生产的判断与行动，还应创造条件促进受众熟练掌握操作技能。安全教育层次经验原理从刺激的层面出发，强调安全教育信息的传递需遵循传播通道的多样性，在此基础上实现抽象经验、观察经验、行为经验、抽象经验的循环。强化并逐步提升原有的抽象经验、观察经验，培养受众正确处理、判断事故及紧急情况的能力，以塑造受众的安全意识、规范安全行为。安全教育层次经验原理的内涵可以从以下3个方面进行解释：

（1）多次感官的接触积累才能形成一定内容和层次的意识，保障传播通道的多样性，利用视觉、听觉、触觉多重感官的特点和功能提高教育信息传播的效果。

（2）抽象的经验是由诸如安全制度理论、安全操作规程等语言符号构成的信息，观察经验是由事故记录、教育片观赏等形成的视觉信息，行为经验则是诸如事故应急救援演练、现场实践操作等行为动作信息。安全教育最终要回归实践，因此要将所学的安全知识转化为行为经验，以此对事故进行防范或是对已发生的事故进行应急处理。

（3）获得行为经验也并非安全教育的终点，更多、更新的具体行为经验还要转化为新的抽象的概念添加到安全教育的内容中去，以此保证安全教育紧跟生产实际，这也充分体现出安全教育作为预防事故发生手段的前瞻性。因此，若没有安全教育从行为经验层次到抽象经验层次的再提升，就不能搭建安全教育理论体系的框架。

（四）安全教育顺应建构原理

顺应即顺从、适应。当社会安全大环境发生改变时，安全教育信息等随之改变，对于具有经验的受众来说，以往的背景经验就可能成为接纳新安全知识的阻力，而克服安全教育和生产操作的实际问题之间的矛盾，也就成了顺应的过程。安全教育活动受学习者原有知识结构的影响，新的信息只有被原有知识结构容纳才能被学习者接受。安全教育顺应建构原理，即基于安全教育受众的文化层次和已有的经验基础，将新知识与自己已有的知识相结合，对新旧知识进行重组、改造，从自身背景经验角度出发对所学的安全知识进行新的理解，同时保证建构的新的知识体系符合当前的安全大环境。

安全教育的受众往往是有一定经验基础或是有相关知识概念的成年人群体，他们在获得新技术、新知识的过程中会被已掌握的知识和技能影响，会不自觉地在自己的经验背景和认知结构的基础上理解新事物。由于每个人背景不同，看事物的角度也不同，因此对于事物的意义也有着不同的理解，受众由于惯性会排斥与原有认知有差异的新信息，甚至引起技能学习的负迁移。在安全教育实施过程中要重视受众的经验背景，不能一味地将教育信息填充性地强加于受众，同时也要提升受众的纳新能力。

（五）安全教育环境适应原理

适应性用于描述系统内的子系统与整个系统的一致性程度。安全教育最终要回归于社会实践，其目标设定、组织安排也最终取决于社会的客观需要，因此它不能与社会的发展脱节。安全教育要迎合社会对安全人才的需求，教育内容要反映实际生产的需要。教育内容应与实际安全生产工作相结合，教育结构应与社会产业结构、科技结构相协调、适应。社会关系决定着教育的性质、内容，安全教育也可称为适应性教育，是为了员工适应安全工作需要而进行的教育，同样也要适应社会当前的政治经济制度及国家现行法律规范。

安全教育内容应该结合企业的实际情况，并能满足企业目前和将来安全生产发展的需要。安全教育环境适应原理的内涵可从以下两个方面进行解释：

（1）随着社会不断发展，人类改造自然的方式在发生变化。在科技水平落后时期，生产操作复杂，因此对人的操作技能要求很高，相应的安全教育主体是人的技能。而随着科技发展，机械自动化逐步取代人的操作，安全教育则偏重对人的安全态度、素养、行为习惯及文化的教育，即安全教育的主体也在发生改变。

（2）现代工业发达，设备不断更新，生产工艺逐步实现自动化，这些发展也从根本上改变了事故种类、事故原因、事故特点甚至发生规律，因此安全教育的形式与内容也应做出与之相适应的调整。

（六）安全教育动态超前原理

正如一个系统，若没有与外界物质、能量、信息的交换，系统就是一个封闭状态，最终系统内各有序的环节也会瓦解，因此要不断地与外界交流，才能维持系统的生命力和有序性。安全教育系统是一个开放的系统，教育者与教育受众之间的反馈通路使得安全教育持续保持动态性。通过实践经验总结及教育反馈，系统薄弱之处才会逐渐被修复，而安全教育的原理、规律也可从教育实践中升华提炼出来。随着安全科学技术的进步，在新材料、新技术的不断开发运用以提升经济效益的同时，也要求与之相匹配的安全教育能够贴合安全科学的发展。不同的社会关系、生产力水平、政治经济制度、科学技术水平决定安全教育的规律、内容乃至教育性质。从安全教育的角度来讲，安全教育知识不是一成不变的，会紧随社会生产的发展而改变创新。有效的教育活动要适应社会发展的速度、满足时代要求，并一定要有超前性，做到用教育引领科技水平的提高，通过安全教育培养大量优秀的安全专业人才，促进安全科技创新。

三、安全教育学原理的体系及其应用

安全教育也是一个系统工程，各子原理彼此间应该相互融合、渗透，构成相应的体系。安全教育学原理作为安全科学原理的下属原理之一，在安全大环境下也应符合基本的安全学原理。首先，安全教育是一个完整的组织、动态发展的系统，其下属原理应包括系统原理；其次，安全教育是一项有目的、有计划的社会活动，若没有目标的强化教育效果，会逐渐削弱安全教育的成果，因此其下属原理也应符合安全目标管理的理念。再结合上述的 6 条原理，可以绘出安全教育学基本原理的体系结构图，如图 5-4 所示。

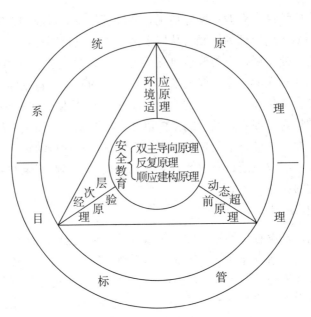

图5-4 安全教育学基本原理的体系结构

安全教育的主体是教育者与教育受众，与二者相关的原理构成图5-4中轮子的中心。安全教育双主导向原理强调教育者的主导性与受众的主动性，体现了安全教育受众正确的角色定位和需求动机；安全教育反复原理关注人的遗忘现象对安全教育造成的错认影响；安全教育顺应建构原理表明受众的知识结构及经验背景与安全大环境的关系。这3个下属原理都从安全系统中"人"的角度出发，以人的特性与主观能动性作为安全教育系统动态前行和保持系统有序的内在驱动力。安全教育层次经验原理体现安全教育媒介的多样性对安全教育效果的影响；安全教育环境适应原理也表明安全教育的内容应与设备、工艺的发展相适应。这两个原理也可理解为从安全系统中"机"的角度出发产生的原理。而安全教育动态超前原理与安全教育环境适应原理也是为满足安全大环境不断变动的需求而提出的，因此这两个原理也可理解为从安全系统中"环境"的角度出发产生的原理。以上下属原理构成了保持安全教育系统平衡稳定的支架。轮辐的外框由系统原理与目标管理原则构成，二者共同决定了安全教育的前进方向。安全科学原理体系的发展则成为安全教育系统的外推力。轮辐的滚动前行表明，以上8个原理间需协同配合，以实现安全教育系统的功能。

无论是何种系统、何种活动，都先要从宏观的角度把握其目标，并用安全目标管理的理念对任务进行层层分解，再用系统原理将各个环节有机、有序地整合起来，最终实现设定好的系统功能。安全教育活动的一般步骤可归纳为安全教育设计、安全教育传播、安全教育反馈3个阶段。在应用各个原理时，可按照步骤分层递进地应用。在安全教育设计阶段，制定安全教育目标是实施教育活动的前提，要尽可能设计出能发挥受众对象的主体性及适应社会环境的教育方案，即应用安全教育双主导向原理和安全教育环境适应原理；在安全教育传播阶段，主要要求教育的长效性、多样性并针对受众特殊的变通性，体现安全教育反复原理、安全教育层次经验原理、安全教育顺应建构原理；在安全教育反馈阶段，要根据安全教育的效果及时调整跟进教育革新，即应用安全教育动态超前原理。安全教育学原理应用于安全教育三阶段如图5-5所示。

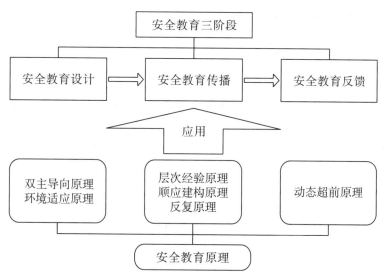

图5-5　安全教育学原理应用于安全教育三阶段

第四节　安全经济学原理

安全经济学是以经济学理论为基础，将相对成熟的经济学思想和研究方法运用于安全生产活动中，是研究安全经济活动规律的科学。作为一门社会科学，经济学目前已经形成了相对完整的理论体系。相比较而言，安全经济学起步不久。在现代安全生产活动中引入经济学研究方法，对生产活动中的安全必要性进行重新认识，对生产中的安全活动进行方法上的革新和指导，对安全投入产出、安全效益、安全投资、价值评估等基本安全活动进行更加精细的量化分析。

在经济学理论的基础上，结合安全科学的学科特性，将经济学的研究分析方法渗透并应用到安全生产活动中，通过实践活动的验证，不断总结安全经济规律，并形成理论体系，最终提炼出核心原理。安全经济学核心原理侧重研究生产活动中定价、优化、价值分析等对安全活动影响较大的规律。除经济学外，安全经济学还运用了哲学、管理学、人类工效学、心理学等学科思想，通过各学科的充分融合与相互补充，将生产活动中对安全经济活动产生影响的各方面因素均考虑在内，使安全经济学原理具备更强的指导性和可实践性。

安全经济学是理论与实践的结合，因此具有理论的指导性和生产活动的实践性。安全经济学是经济学与安全科学的交叉学科，其核心原理也必然兼具两学科的特性，经济学具有较强的适用性，经典的经济学思想和经济分析方法不仅可用于经济活动，在人类其他各项活动中也受到广泛关注。安全科学是一门综合性学科，几乎涉及哲学、经济学、管理学、心理学等所有学科门类，因此安全经济学具备适用性和综合性。总之，安全经济学具备四大特性：指导性、实践性、适用性、综合性。

一、安全经济学核心原理的提炼

（一）生命安全价值原理

生产过程造成的人员伤亡一直是安全问题的核心。巨大的人身伤亡基数引起了社会各界的高度重视，围绕如何评估生命价值、如何保证公正合理的理赔正常进行的问题也广受关注和争议。

对因工死亡的员工进行经济补偿是企业的普通做法。我国工伤保险相关法规对此也有详细规定，该做法在许多国家也得到普遍认同，甚至成为法律条例，如德国基于公共保险的赔偿制度、比利时无过失保险制度等。在进行高危项目施工设计时也常需要通过对生命定价进行可行性评估。国外常用的生命价值评定方法分别是人力资本法和支付意愿法，并且有具体的计算公式。经济学家曼昆提出了关于生命价值的观点：评价人的生命价值的较好方法是观察其得到多少钱才愿意从事有生命危险的工作。

生命价值不仅是经济问题，也是伦理问题。从道德层面讲，经济学中的普遍做法相当于间接以金钱衡量生命，对生命进行明码标价，这似乎违背了道义准则，因为人的惯有思维是不应该把安全问题尤其是生命问题货币化，人的生命是无价的。

"生命有价"与"生命无价"，显然是相互对立的观点，针对这一矛盾提出了生命安全价值原理：

（1）一方面，生命可视为每个人与生俱来的特殊财产，但无法交易，没有人毫无缘由地拿生命去交换财产，生命的价值无限大。另一方面，生命价值无限小，自觉放弃生命，对于任何其他人而言都是负效应，没有买家愿意为此买单。因此，"生命有价"的实质是生命有无限的价值。

（2）生命本质是无价的。生命有无限的价值，但无价格，价格是交换比率，而生命无法交换，因此无法像其他商品一样用货币来衡量生命。

（3）国内外常见的是对因工伤亡的员工进行经济补偿，不能说明"生命有价"，实际上这是对员工亲属的精神抚慰或安家费，而不是对生命的直接定价。

（4）在设计施工阶段，为了评估可行性而对生命进行的估价，是保证资源充分利用的手段，对因工死亡的员工家属进行定额经济补偿，是制定行业执行标准的需要，二者不违背"生命无价"的原则。

总之，生命安全价值原理认可人的生命所创造的价值（如劳动力对社会的贡献），也承认对因工伤亡进行经济补偿的合理性。在生产过程中，对生命价值进行估计的行为只是出于资源利用、正常生产、事故损失统计、法律标准制定等活动的需求，并非对生命进行交易性的估价。这不仅不违背"生命无价"的原则，反而有利于受损家庭迅速恢复生产，有利于社会和谐稳定。

（二）安全经济最优化原理

最优化是在一定约束下选取某些因素的价值使其指标达到最优，可解释为改进包括经济学中经济效益在内的数量值的数学方法。社会的和谐无法掩饰企业的逐利性，最优化在经济学中的直接体现即追求利润最大化。安全是第一保障，生命健康为第一目的，但安全是可以带来经济效益的有价值的活动，对生产经济的增长和社会经济的发展具有重要作用。将最优化的思想和方法运用于安全生产活动中，使安全经济最优化原理作为安全经济学的一条核心原理，揭示安全投入与产出的效益规律。该原理具体解释如下：

凡是社会实践活动均要投入一定的人力、物力等资源。安全作为人类生存的最基本需求，只有通过实践活动才能实现，因此必然要投入一定的资源，否则安全活动无法进行。"木桶原理"表明，任何一个组织的劣势部分往往决定着整个组织的水平。工矿企业生产过程中普遍存在的短板是忽视安全，不计其数的安全事故和惨痛的教训已经印证了安全投入的必要性，而安全投入是安全经济最优化最重要的约束条件。

盲目的安全投入易导致资源浪费和生产成本增加，不利于正常生产的进行，无益于实现安全最优化。因此，确定安全投入的最佳比例、建立安全投入的合理结构和安全产出效果的评估机制是安全经济最优化原理的核心部分。

在经济学中，边际收益是增加一个单位产品的销量所增加的收益，边际成本是指每一个单位新增生产的产品带来的总成本的增加。边际收益和边际成本相等被称为利润最大化原则。

由此提出边际安全成本与边际安全收益的定义。边际安全成本即每一个单位新增的安全投入的量带来的安全总成本的增加；边际安全收益即每一个单位新增的安全投入的量带来的安全收益的增加。其中，安全投入的量是对生产安全方面投入数量的近似量化；安全总成本是安全投入的总的花费，如安全设备购置费、安全培训费等之和。安全收益是对因采取的安全措施或安全投入带来的安全效用的近似量化。所谓的安全效用也是从经济学引申出来的概念。效用是指消费者在消费商品的过程中获得的满足程度。安全效用则可定义为安全经济活动中安全投入带来的工作环境的改善、员工生命安全度和身体的舒适度。根据安全经济最优化原理，当边际安全成本与边际安全收益相等时，即达到安全经济最优化，利用最小安全投入获得最佳的安全产出。

安全经济最优化原理虽然引入了经济学常用的数学方法，但仍然是对安全生产活动中安全投入产出的近似量化，如生命健康、员工满意度、安全效用等安全指标很难用具体的数学指标进行量化。但该原理为安全投入产出最优化原理提供了理论依据，对于安全生产有积极的意义。

（三）安全经济效益辐射原理

在经济学中，经济效益是指通过商品和劳动的对外交换所取得的社会劳动节约，即以尽量少的劳动耗费取得尽量多的经营成果，或以同等的劳动耗费取得更多的经营成果。由于客观因素和基础理论的限制，安全经济领域中许多命题不能绝对量化。安全经济效益辐射原理可以作为安全经济学的一条核心原理，可从以下三个方面进行解释：

（1）安全生产方面，安全投入所产生的效益不像普通投资那样可以用产品数量的增加、质量的改进等指标进行衡量，在整个生产过程中，安全投入所产生的效益体现在保证生产正常、连续的进行中。这种投入的直接结果是企业不发生或少发生事故和职业病，而这个结果是企业持续生产、保证取得正常效益的必要条件。这是安全经济效益间接性的体现，也是安全经济效益辐射原理的本质。

（2）安全系统是一个涉及面广泛、相关因素复杂多变的系统，安全经济方面的投入势必影响安全系统的多个因素，根据系统的相关性、动态性特征，由安全投入带来了多因素状态的改变将引起辐射状的经济效益产出。

（3）安全经济效益辐射原理在指导安全生产方面意义重大。一方面，在制定安全投入决策时，不仅需要考虑安全投入的显性成本，还应该与隐形安全成本相结合，制定最优的安全投入计划。另一方面，在计算安全投入带来的安全效益时，不能只满足表面的可以量化的直接安全效益，如事故率的下降、安全生产效率的提高等，还应该关注安全的间接效益，如企业安全文化的形成、员工满意度的提高等。该原理的最终目标是为安全生产决策者提供指导性的建议，使人们认识安全带来的间接的或者隐形的经济效益，从而重视安全投入和安全生产。

（四）安全经济复杂性原理

复杂性科学虽然尚未发展完善，但由于其重要性，许多专家学者对其进行了研究，并在多个学科中有所应用。结合复杂性科学和安全经济基本理论，安全经济复杂性原理可认为是安全经济学的一条核心原理。

安全经济复杂性原理的基础在于安全经济变量的多样性和层次结构的交叉性。经济是一个复杂的演化系统，其复杂性的演化基础在于经济变量的不确定性。安全系统本身也是复杂系统，其复杂性来自系统中各个变量的波动性。在安全系统中，每一个经济单位都按其经济结构的性质实现自身利益的最大化，但由于各个层次的经济利益通常并不一致，这种层次之间的交叉性也使安全经济系统更加复杂。

安全经济复杂性原理的表现在于：除了可见的投入会直接带来产出的增加，系统中政策因素、环境因素乃至结构的变化也会对安全和经济增长做出贡献，且这种变化是冲击性的，易导致产出出现相应的阶跃变化。而这种变化背后的影响因素更加广泛和复杂，如新技术、市场变化、制度可行性、规模效应、投资风险等。无论哪种增长方式，均可用安全经济复杂性原理解释。

安全经济复杂性原理的根源在于非线性。线性科学的发展得益于模型的产生，而模型则是简化后的系统缩影，因此线性科学多需要提出假设。而后来的分形理论、混沌理论则提出了线性概念完全无法描述的事实，即证明了非线性的真实存在，现实世界的多样性、奇异性、复杂性的根源均是非线性的存在，因此安全经济活动的复杂性源于非线性的存在。

当然，安全经济的复杂性也与信息不对称、因素非量化性等相关。从另一个层面来看，安全经济复杂性的影响因素具有多样性与广泛性，也是其复杂性的体现。安全经济复杂性原理的提出意在揭示安全生产过程中经济复杂性的根源，明确的影响安全经济投入产出因素的多样性和广泛性，对企业正确分析安全经济形势并做出最优决策具有重要意义。

（五）安全价值工程原理

价值工程主要通过降低产品成本、提高产品质量等措施来寻求价值最大化。价值工程分析方法是经济分析决策的重要工具，由此可以推断安全价值工程是一种实用的安全技术经济方法，安全价值工程原理可作为安全经济学的一条核心原理。在安全经济分析与决策中采用价值工程的理论和方法，对于提高安全经济活动效果有重要意义。安全价值工程原理即针对安全价值的工程思想、技术、方法、应用提出的基础性理论解释。

首先，从思想层面解释安全价值工程原理。价值工程的基本思想是消除不必要的功能，即使系统的结构合理化，而对于一个生产的安全系统，合理化是最基本的要求。从安全系统工程的角度讲，系统由多个相互区别的要素组合而成，且各个要素都满足实现整体最优为目标的需要，各个要素通过综合、统一形成整体，从而产生新的特定功能，即系统作为一个整体才能发挥功能。因此，安全价值工程原理的基本思想源于系统的整体性和功能性。

其次，在安全价值工程的应用方面，要先建立安全功能与安全价值的概念。安全功能即某项安全技术措施或方法在某系统中产生的影响及所负担的职能。安全价值即安全功能与安全投入的比值，其表达式为：

$$安全价值(V) = 安全功能(F)/安全投入(C)$$

根据 $V = F/C$，在正常的生产过程中，要提高安全价值，单纯地追求降低安全投入或片面地追求提高安全功能是不明智的，必须改善安全功能与安全投入两者之间的比值。如果通过降低安全投入使安全价值增加，显然是违背安全投入初衷的，因此该方法不可取；如果不顾一切地追求安全功能以致安全投入大幅上升，超过系统承受能力，也是不可取的。安全价值工程原理就是研究安全功能与安全投入的最佳匹配关系的方法。

综上所述，安全价值工程原理在思想和应用层面对安全价值工程进行了阐释，为安全实践中安全功能的优化奠定了理论基础。

以上几条安全经济学核心原理的关系可以概括为生命安全价值原理追求的是由现实中的"生命有价"到理想的"生命无价"，其提出了人类安全生产的最高要求是对人生命的充分尊重和生产绝对安全的期望。安全经济最优化原理和安全价值工程原理是安全经济学实施过程中的重要操作程序，同时，也为生产实践中的安全经济提供了量化指标。安全经济效益辐射原理是安全经济学的功能和性质的特性表达。安全经济复杂性原理反映安全经济学研究过程的难点和方法。五大原理的共同点即通过经济学方法的引入，实现在保证人生命安全与职业健康的前提下，获得最大程度的生产安全的最终目标。

二、经济学视域下的安全新内涵

经济学视域下的安全新内涵并不排斥其他视角下的安全内涵，其仅是对安全内涵的一种补充解释。因此，在理解与解释经济学视域下的安全新内涵时，可将其他非经济学视域下的安全内涵作为基础或依据。经济学视域下的安全新内涵可依次简单表述为以下4个命题。

命题1：安全不仅是生产活动目标，而且是人类正常生产生活的资源。

宏观而言，资源是一切可被人类开发和利用的客观存在。根据经济学理论，资源是指生产过程中所使用的投入，这一资源定义很好地揭示了资源的经济学内涵。同理，命题1也很好地反映了安全的经济学内涵。经济学视域下的安全新内涵可同时回答"安全是什么？（安全的本质）"与"安全是做什么的（安全的价值和作用）"两个关于安全概念的基本科学问题。简言之，安全是人类正常生产生活的一种必要资源。就安全的具体价值而言，主要表现在以下两个方面：①对个体而言，安全主要是通过增加可劳动的时间，而不是通过增加生产率来提升收入能力的；②对企业而言，安全主要是通过增加可生产运营的时间，而不是通过增加生产运营效率来提升企业产品数量和企业效益的。

在经济学中，资源的本质是一种生产要素（在经济学中，生产要素是指社会进行生产经营活动过程需具备的基本因素），由此，根据命题1可以提出命题2。

命题2：安全是一种生产要素。

命题2表明，类似于"安全就是生产力"的命题均是真命题。在经济学中，资本是指用于生产的基本生产要素。换言之，安全作为一种企业和个人的资源，实则是企业和个人的一种能力（即资本）的体现。由此，根据命题2，可以提出命题3。

命题3：安全是一种资本。

安全被当作一种资本，它可影响生产经营的安全的时间，也是人类生产力的具体体现。类似于健康资本与其他资本的关系，安全资本与其他资本的差异是：一般资本会影响市场或非市场活动的生产力，而安全资本则会影响可用于赚取收入或生产产品的总时间。换言之，就个体而言，非安全资本投资（如教育和培训等）的回报是增加工资，而安全资本投资的回报是延长个体用于工作的安全时间；就企业而言，非安全资本投资（如员工教育培训或生产技术工艺改造等）的回报是提升生产经营效率，而安全资本投资的回报是增加企业用于生产经营的安全时间。

显然，安全作为一种资本，人们可投资安全资本，可将其简称为投资安全、生产安全。这里所说的生产安全的生产的含义是经济学中的"生产"的含义。所谓的生产安全是指将生产安全的投入转化为安全结果的过程，表现为安全资本存量的增加。对生产安全投入的需求是生产安全结果派生的，这类似于一般生产过程中对生产要素的派生需求。生产安全中所使用的生产要素主要包括时间（工时）和从市场购买的产品（统称为安全服务），此外，生产安全的效率也受特定环境变量的影响。

正因为安全具有巨大价值，因此消费者才需要安全。对消费者需要的安全的理由可进行进一步的详细解释：根据命题1与命题2，从经济学中的产品概念角度可提出命题4。

命题4：安全是一种产品。

显然安全可增加消费者的消费水平，能给消费者生产出安全的时间并带来幸福等。从这个意义来看，可将安全视为一种产品。这种产品的数量表现在消费者在某个时间点上的安全状况，可理解为安全资本存量。由此可知，消费者需要安全的理由体现在如下两个方面：①消费上的利益，也就是将安全视为一种消费品，它直接进入消费者的消费函数，让消费者得到满足，反言之，发生事故或伤害会产生负效应；②投资上的利益也就是可将安全作为一种投资品，它决定消费者从事各种市场和非市场活动的可用时间。

综合命题3和命题4可知，可将安全视为消费者生产安全的一项投入，又可视为消费者的一项产出。消费者作为安全资本的投资者，通过时间及安全服务的投入为自身生产安全产品或安全投资品，以满足自身的投资需求。从这个意义上来看，消费者身兼双重角色，其既是安全投资的需求方，又是安全投资的供给方，因此在没有时滞的条件下，消费者对安全的需求等同于消费者生产出的安全。

命题 1～4 共同构成了经济学视域下的完整的安全内涵。各命题的本质实际上是统一的，只是各命题的切入视角和所强调的安全经济学意义存在差异。经济学视域下的安全的主要内涵可概括为如下 3 点：①安全是一种资源，可将其进一步引申为一种生产要素、资本或产品；②安全既是一种消费品，也是一种投资品，故人们可通过生产安全来补充对安全资本的消耗，而主要生产要素是安全服务与时间；③除安全服务与时间两种生产安全的生产要素外，人们生产安全的效率也受到特定环境变量的影响。

思考题

1. 如何理解安全的伦理道德的作用？
2. 如何理解安全文化建设是企业安全生产可持续发展的重要途径？
3. 如何理解安全教育的"双主体"作用？
4. 为什么安全教育需要反复进行？
5. 如何理解安全经济学的新内涵？

第六章　事故预测和预防理论

第一节　事故预测理论

一、事故预测概述

（一）事故预测的概念

事故预测是运用各种知识和科学手段，分析、研究历史资料，对安全生产发展的趋势或可能的结果进行事先的推测和估计。也就是说，预测是基于过去和现在已知的情况，利用一定的方法或技术去探索或模拟未出现的或复杂的中间过程，推断出未来的结果。

（二）事故预测的内容

（1）预测造成事故后果的前级事件，包括起因事件、过程事件和情况变化等；

（2）随着生产的发展及新工艺、新技术的应用，预测会产生什么样的新危险和新的不安全因素；

（3）随着科学技术的发展，预测未来的安全生产面貌及应采取的安全对策。

（三）事故预测的种类

事故预测按照预测对象范围和预测时间长短可以有不同的种类划分方法。

1. 按预测对象范围划分

（1）宏观预测，是指对整个行业、一个省区、一个企业的安全状况的预测。

（2）微观预测，是指对一个厂（矿）的生产系统或对其子系统的安全状况的预测。

2. 按预测时间长短划分

（1）远期预测，是指对五年以上的安全状况的预测。它为安全管理方面的重大决策提供科学依据。

（2）中期预测，是指对一年以上五年以下的安全生产发展前景进行的预测。它是制订五年计划和任务的依据。

（3）短期预测，是指对一年以内的安全状况的预测。它是年度计划、季度计划以及规划短期发展任务的依据。

（四）事故预测的过程

事故预测由 4 部分组成：预测信息、预测分析、预测技术和预测结果。根据预测对象的不同，预测程度也不同。事故预测过程如图 6-1 所示。

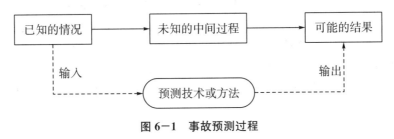

图 6-1　事故预测过程

（1）预测信息：在调查研究的基础上所掌握的反映过去、揭示未来的有关情报、数据和资料为预测信息。

（2）预测分析：将各方面的信息资料，经过比较、核对、筛选和综合，进行科学分析和测算。

（3）预测技术：预测分析所用的科学方法和手段。

（4）预测结果：在预测分析的基础上提出的事物发展的趋势、程度、特点及各种可能性结论。

（五）事故预测的原理

现代预测是在调查成果的基础上，通过对有关历史与现状的信息资料进行分析研究，探索、揭示其发展变化的规律，然后根据规律应用一定的预测技术，推断未来一定时期内的发展前景、趋势，得出符合逻辑的结论，为决策提供依据。因此，科学的事故预测应该建立在对事故的统计分析与评价的基础上。

安全生产及事故规律的变化和发展是极其复杂的，但往往隐藏着规律性。工业事故的发生表面上具有随机性和偶然性，但其本质上更具有因果性和必然性。对于个别事故具有不确定性，但对大样本进行分析则表现出统计规律性。通过应用概率论、数理统计与随机过程等数学理论，就可以研究具有统计规律性的随机事故的规律；而应用惯性原理、相关性原理、相似性原理、量变到质变原理，就可以进行科学的事故预测。

1. 惯性原理

任何事物在其发展过程中都具有一定的延续性，这种延续性称为惯性。利用惯性原理可以研究事物或一个预测系统的未来发展趋势。例如，从一个单位过去的安全生产状况、事故统计资料，可以找出其安全生产及事故发展变化趋势，以推测其未来的安全状态。惯性越大，影响越大；反之，则影响越小。一个系统的惯性是这个系统内的各个内部因素之间的相互联系、相互影响、相互作用按照一定的规律发展变化的一种状态趋势。因此，只有当系统是稳定的，受外部环境和内部因素的影响产生的变化较小时，其内在联系和基本特征才可能延续下去，该系统所表现的惯性发展结果才基本符合实际。但是，绝对稳定的系统是没有的，因为事物是发展的，惯性在受外力作用时，可使其加速或减速发展甚至改变方向。这样，就需要对一个系统的预测进行修正，即在系统的主要方面不变而其他方面有所偏离时，就应根据其偏离程度对所出现的偏离现象进行修正。

2. 相关性原理

相关性是指一个安全系统，其属性、特征与事故存在着因果的相关性。事物的因果相关性是普遍存在的，任何事物的变化都不是孤立的，而是相关事物在演变中相互影响的结果。事故和导致事故发生的各种原因（危险因素）之间存在着相关关系，具体表现为依存关系和因果关系。危险因素是原因，事故是结果，事故的发生是由许多因素综合作用的结果。深入分析事物的依存关系和因果关系及影响程度是揭示其变化特征和规律的有效途径。

3. 相似性原理

相似性原理是根据两个或两类对象之间存在的某些相同或相似的属性，从一个已知对象具有的某种属性推测出另一个对象也具有此种属性的一种推理过程，也叫类推原理。如果两事件之间的联系可用数字来表示，就叫定量类推；如果这种联系只能用性质来表示，就叫定性类推。常用的类推方法有平衡推算法、代替推算法、因素推算法、抽样推算法、比例推算法和概率推算法。

4. 量变到质变原理

任何一个事物在发展变化过程中都存在着从量变到质变的发展规律。同样，在一个系统中，许多有关安全的因素也都存在着从量变到质变的过程。在预测一个系统的安全状况时，也离不开从量变到质变的原理。另外，客观事物发展的规律性是通过偶然性表现出来的，其每一种状态的出现常常带有一定的随机性，事先也无法完全确定，就如事故的发生往往是随机的一样。因此，预测结果与实际状态之间的偏差，即预测误差在所难免。这就是预测的另一条基本原理——误差性原理。当然，实际上造成误差还有很多人为的、主观方面的原因，如预测方法不对或不完善、预测信息不足或质量不高、预测者缺乏有关的知识经验等。科学预测应努力克服这些问题，尽量控制误差范围并缩小误差，提高预测的精度和可信度，满足决策的需要。

（六）事故预测的程序

预测是对客观事物发展前景的一种探索性的研究工作，它有一套科学的程序。预测对象不同，预测程度也不同。但一般来说，事故预测的程序可分为 4 个阶段，共 10 个步骤。事故预测程序示意图如图 6-2 所示。

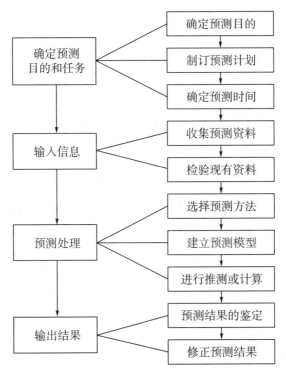

图 6-2　事故预测程序示意图

1. 确定预测目的和任务

预测总是为一定的任务和目标服务的，管理的目的和任务决定了预测的目的和任务，目标清楚，任务明确，才能进行有效的预测。对于事故预测，预测的目的是探求事故发生的趋势和内在的规律，以便分析未来事故发生的可能性，提前采取安全对策，做好事故预防工作，使事故的风险控制在可接受的范围内。这一阶段有如下 3 个步骤：

（1）确定预测目的。只有首先明确为解决什么问题而进行预测，才能确定需要收集什么资料、采取何种预测方法、应取得何种预测结果，以及预测的重点是什么等。

（2）制订预测计划。预测计划是预测目的的具体化，制订预测计划主要是规划预测的具体工作，包括选择和安排预测人员、预测期限、预测经费、预测方法、情报获取的途径等。

（3）确定预测时间。不仅要明确预测的起讫时间，更重要的是根据预测的目的和预测对象的不同特点，明确预测是近期预测、中期预测还是远期预测。只有这样，才能使搜集的资料符合预测要求，及时完成预测任务。

2. 输入信息

输入信息即收集信息。根据确定的预测目标和任务，收集准确全面的预测信息是预测的基础和前提，它直接影响预测结果的准确性。预测结果的准确性取决于输入信息的可靠程度和预测方法的正确性，如果输入的信息不可靠或没有根据，预测的结果必然错误。这一阶段可分为以下两个步骤：

（1）收集预测资料。准确而全面的信息，不仅要有预测对象的现状信息，而且还要有纵的资料和横的资料。纵的资料是指反映事物发展的历史数据（如历史活动的统计资料），也称作时间序列数据。横的资料是指在某特定时间对同一预测对象所需的各种有关的统计资料（如某年各大城市发生火灾的次数），也称为截面数据。

（2）检验现有资料。对已有资料要进行周密地分析检查，这是做好预测工作的关键步骤之一。要检验资料的可靠性，去粗取精，去伪存真。一个假信息或失真的信息比没有信息更糟糕，会对预测结果和决策的正确性造成严重的危害。要检查统计资料的正确性和完整性，不正确的要作适当调整，不完整的要通过调查研究，填平补齐。

3. 预测处理

这一阶段是预测程序的核心。在这一阶段中，根据收集的资料，应用一定的科学方法和逻辑推理，对事物未来发展的趋势进行推测和判断。这一阶段分为以下三个步骤：

（1）选择预测方法。预测方法很多，选择什么样的预测方法，应依据预测目的、预测对象的特点、现有资料情况、预测费用及预测方法的应用范围等来确定。有时还可以把几种预测方法结合起来，互相验证预测的结果，以提高预测的质量。

（2）建立预测模型。通过分析资料和推理判断，揭示预测对象的结构和变化规律，做出各种假设，最后制定预测对象的变化模型，这是预测的关键。建模首先要选择预测方法，然后再设计预测模型，进行预测。

（3）进行推测或计算。根据模型进行推测或具体运算，求出初步结果，考虑到模型中没有包括的因素，对初步结果需进行必要的调整。基于确定的预测方法建立多参数的预测模型，通过对信息数据的处理，选取和识别模型参数，通过推测判断，解释事故发生的内在规律。

4. 输出结果

这个阶段既是修正预测结果，使之更符合客观实际情况的过程，又是检查预测系统工作情况的过程，是预测程序中必不可少的一个阶段。它分为以下两个步骤：

（1）预测结果的鉴定。预测毕竟是对未来事件的设想和推测，人的认识的局限性、预测方法的不成熟、预测资料的缺乏、预测人员的水平等都会影响预测的准确性，使预测结果往往与实际有出入，进而产生预测误差。这种误差越大，预测的可靠性就越小，甚至失去预测的实际意义。因此，必须对预测结果进行鉴定，找出预测结果与实际结果的误差。

（2）修正预测结果。分析预测误差的目的，在于观察预测结果与实际情况偏离的程度，并分析研究发生偏离的原因。如果是由预测方法和预测模型不完善造成的，就需要改进模型重新计算；如果是由不确定因素的影响造成的，则应在修正预测结果的同时，估计不确定因素的影响程度。

二、事故预测方法

预测分析是预测的重要组成部分，它是建立在调查研究或科学实验基础上的科学分析。对于任何事物，如果只有情况和数据，没有科学的分析，就不能揭示事物演变的规律及其发展的趋势，也就不能有预测。预测方法主要包括定性预测方法和定量预测方法。

（一）定性预测方法

定性预测是一种直观性预测。它主要根据预测人员的经验和判断能力，不用或仅用少量的计算，对预测对象过去和现在的相关资料及相关因素进行分析，揭示事物发展规律，求得预测结果。凡是缺乏定量数据或难以用数字表示的事物或状态，多采用此法，如政治经济发展形势、社会心理、产品品种、花色、款式、包装装潢、学术活动规律等。定性预测方法很多，本节将重点介绍德尔菲预测法和交叉概率法。

1. 德尔菲预测法

德尔菲预测法是一种专家调查法，即利用专家的经验和知识对所要研究的问题进行分析和预测的一种方法，具有匿名、循环和有控制地反馈、统计团体响应3个特征。它是依靠若干专家发表意见（各抒己见），同时对专家的意见进行统计处理和信息反馈，经过几轮循环，使分散的意见逐渐收敛，最后达到较高准确性的一种预测方法。此种方法常用于中长期预测。

（1）德尔菲预测法的一般程序。

①组织专家小组。

书面通知被选定的专家。专家一般指掌握某一特定领域知识和技能的人。要求每一位专家讲明有什么资料可用来分析这些问题及这些资料的使用方法。同时，也向专家提供有关资料，并请专家提出还需要哪些资料。

②提出初步预测。

专家接到通知后，根据自己的知识和经验，对预测事物的未来发展趋势提出自己的预测观点，并说明其依据和理由，书面答复主持预测的单位。

③统计预测结果。

主持预测的单位或领导小组根据专家的预测意见，加以归纳整理，对不同的预测值，分别说明其依据和理由（根据专家意见，但不注明哪个专家的意见），然后再寄给各位专家，要求专家修改自己原有的预测，并提出还有什么要求。

④专家征询和信息反馈。

专家等接到第二次通知后，针对各种预测意见及其依据和理由进行分析，再次进行预测，提出自己修改的预测意见及其依据和理由。如此反复征询、归纳、修改，直到意见达成一致为止。修改的次数根据需要确定。

（2）德尔菲预测法的特点。

德尔菲预测法是一个可控制的集体思想交流的过程，其使得由各个领域的专家组成的集体能作为一个整体来解答某个复杂的问题。它有如下4个特点：

①匿名性。德尔菲预测法采用调查表，并以通信的方式征集专家意见。这样可以避免当面谈或署名探讨问题时其可能受到社会、自身心理方面的干扰，较易得到比较实事求是的科学意见。

②反馈性。德尔菲预测法在预测过程中，要进行3～4轮征询专家意见。预测主持单位对每一轮的预测结果作出统计、汇总，提供有关专家的论证依据和资料作为反馈材料发给每一位专家，供下一轮预测时参考。针对每一轮的反馈和信息沟通，可进行比较分析，因而能达到相互启发、提高预测准确度的目的。

③统计性。为了科学地综合专家的预测意见和定量表示预测结果，德尔菲预测法对各位专家的估计或预测进行统计，然后采用平均数或中位数统计出量化结果。

④收敛性。通过多次征询意见，专家们的意见一轮比一轮更趋向一致。

（3）运用德尔菲预测法预测时应遵循的原则。

①专家代表面应广泛，人数要适当。通常应包括技术专家、管理专家、情报专家和高层决策人员。人数不宜过多，一般 20~50 人，小型预测 8~20 人，大型预测可达 100 人左右。

②要求专家整体的权威程度较高，并要有严格的专家的推荐与审定程序。

③问题要集中，要有针对性，不要过分分散，以便使各个事件构成一个有机整体。问题要按等级排队，先简单，后复杂，先综合，后局部，这样便于引起专家回答问题的兴趣。

④调查单位或领导小组的意见不应强加于调查的意见之中，要防止出现诱导现象，避免专家的评价偏向领导小组。

⑤避免组合事件。如果一个事件包括两个方面，一方面是专家同意的，另一方面则是不同意的，专家就难以作出回答。

（4）预测结果的处理。

预测结果的处理一般采用中位数法和主观概率法，这里主要介绍中位数法。

中位数法是将专家预测结果从小到大依次排列，然后把数列二等分，则中分点值称为中位数，表示预测结果的分布中心，即预测的较可能的值。为了反映专家意见的离散程度，可以在前后的二等分中各自再进行二等分，先于中位数的中分点值称为下四分位数，后于中位数的中分点值称为上四分位数。用上、下四分位数之间的区间表示专家意见的离散程度，也可称为预测区间。

中位数按式（6-1）进行计算：

$$\bar{x} = \begin{cases} x_{k+1} & n = 2k+1 \\ \dfrac{x_k + x_{k+1}}{2} & n = 2k \end{cases} \qquad (6-1)$$

式中　$\bar{x}$——中位数；

$\quad x_k$——第 k 个数据；

$\quad x_{k+1}$——第 $k+1$ 个数据；

$\quad n$——数据的个数；

$\quad k$——正整数。

上四分位点记为 $x_上$，其计算公式为：

$$x_上 = \begin{cases} x_{\frac{1}{2}(3k+3)} & n=2k+1, k \text{ 为奇数} \\ x_{\frac{3}{2}k+1} + x_{\frac{3}{2}k+2} & n=2k+1, k \text{ 为偶数} \\ x_{\frac{1}{2}(3k+1)} & n=2k, k \text{ 为奇数} \\ x_{\frac{3}{2}k} + x_{\frac{3}{2}k+1} & n=2k, k \text{ 为偶数} \end{cases} \qquad (6-2)$$

下四分位点记为 $x_下$，其计算公式为：

$$x_{下}=\begin{cases} x_{\frac{k+1}{2}} & n=2k+1,\ k\ 为奇数 \\ x_{\frac{k}{2}}+x_{\frac{k}{2}+1} & n=2k+1,\ k\ 为偶数 \\ x_{\frac{k+1}{2}} & n=2k,\ k\ 为奇数 \\ \dfrac{x_{\frac{k}{2}}+x_{\frac{k}{2}}}{2} & n=2k,\ k\ 为偶数 \end{cases} \tag{6-3}$$

例 6—1　某企业邀请 16 位专家对该企业某事件发生概率进行预测，得 16 个数据，即 $n=16$（$n=2k$，$k=8$ 为偶数）。由小到大将所得事件发生概率的数据排列见表 6—1。

表 6—1　事件发生概率（$\times 10^{-3}$）

n	1	2	3	4	5	6	7	8
x_n	1.35	1.38	1.40	1.40	1.40	1.45	1.47	1.50
n	9	10	11	12	13	14	15	16
x_n	1.50	1.50	1.50	1.53	1.55	1.60	1.60	1.65

解：$k=8$ 为正整数，$n=2k$ 为偶数，则中位数为：

$$\bar{x}=\frac{1}{2}(x_8+x_{8+1})=\frac{1}{2}(1.5+1.5)=1.5$$

由于 $k=8$ 是偶数，由式（6—2）第 4 式得：

$$\frac{3}{2}k=12,\quad \frac{3}{2}k+1=13$$

则上四分位点 $x_{上}$ 是第 12 个数与第 13 个数的平均值：

$$x_{上}=\frac{1}{2}(x_{12}+x_{13})=\frac{1}{2}(1.53+1.55)=1.54$$

由式（6—3）的第 4 式得 $\frac{k}{2}=4$，$\frac{k}{2}+1=5$，可知下四分位点是第 4 个数与第 5 个数的平均值：

$$x_{下}=\frac{1}{2}(x_4+x_5)=\frac{1}{2}(1.40+1.40)=1.40$$

该事件发生概率期望值为：

$$p=\bar{x}\times 10^{-3}=1.5\times 10^{-3}$$

（5）德尔菲预测法的注意事项。

①如果专家人数较少，处理结果的工作量不大，可用一般的科学计算器完成运算。当专家人数多、测定的因素也多时，靠计算器很难保证计算质量，且费时较长，应采用计算机进行数据处理。

②由于德尔菲预测法不是所有专家都熟悉，因此预测组织者要在制定征询表的同时，对德尔菲预测法作说明，重点是讲清德尔菲预测法的特点、实质、反馈的作用、方差、均值和其他统计量的意义。

③专家评估的最后结果是建立在统计分布的基础上的，具有一定的稳定性。不同的专家总体的直观评估意见和协调情况不可能完全一样，这是德尔菲预测法的主要缺点。

但是，由于德尔菲预测法简单易行，对许多非技术性的因素反应敏感，并能对多个相关因素的影响作出判断，因此其是一种值得推广的预测方法。

2. 交叉概率法

交叉概率法（也称为交叉影响法），于 1968 年由海沃德（Hayward）和戈尔登（Cordon）在德尔菲预测法和主观概率法基础上首次提出的，这种方法能主观估计每种新事物在未来出现的概率，以及新事物之间相互影响的概率，是对事物发展的前景进行预测的方法。

交叉概率法的基本思想是：很多事件的发生或发展对其他事件将产生各种各样的影响，根据各事件之间的相互影响研究事件发生的概率，并用以修正专家的主观概率，从而对事物的发展做出较客观的评价。

交叉概率法研究一系列事件 E_i（$i=1$，2，$\cdots$，n）及其概率 P_i（$i=1$，2，$\cdots$，n）之间的相互关系。若其中的一个事件 E_m（$1 \leqslant m \leqslant n$）发生，即发生概率 $P_m=1$ 时，求 E_m 对于其他事件 E_i（$i=1$，2，$\cdots$，n；$i \neq m$）的影响，也就是求 P_i（$i=1$，2，$\cdots$，n；$i \neq m$）的变化，其中包括有无影响，正影响还是负影响以及影响的程度。

该方法的步骤为：

(1) 确定各事件之间的影响关系；

(2) 专家调查，评定影响程度；

(3) 计算某事件发生时对其他事件发生概率的影响；

(4) 分析其他事件对该事件的影响；

(5) 确定修正后的主观概率。

例 6-2 以美国能源评价预测分析来说明交叉概率法的应用。经简化，影响美国能源政策的因素有：E_1——用煤炭代替石油，其概率 $P_1=0.3$；E_2——降低国内石油价格，其概率 $P_2=0.4$；E_3——控制空气、水源的质量标准，其概率 $P_3=0.3$。各因素之间的关系见表 6-2。表 6-2 中向上的箭头表示正方向的交叉影响，它表明该事件的发生将促进另一事件发生的概率。而箭头向下则表明负方向的交叉影响，说明该事件的发生将抑制或消除另一事件发生的概率。"—"表示两事件无明显关系或相互间没有影响。

表 6-2 各因素之间的关系

事件	发生概率	对其他事件的影响		
		E_1	E_2	E_3
E_1	0.3	—	↑	↑
E_2	0.4	↓	—	—
E_3	0.3	↓	↓	—

解：根据表 6-2 的数据，可求出其中各因素相互影响程度的数值，用以修正发生概率，做出预测。

E_i 事件发生后，其他事件发生的概率可按式（6-4）调整：

$$P_j{'}=P_j+KS（1-P_j）\tag{6-4}$$

式中　P_j——E_i 事件发生前，t 时间其他事件 E_j 发生的概率；

$P_j{'}$——E_i 事件发生后，t 时间其他事件 E_j 发生的概率；

K——说明 E_i 事件发生对其他事件 E_j 的影响方向，若 E_i 事件对其他事件 E_j 的
影响为正，则 $K=1$，若 E_i 事件对其他事件 E_j 影响为负，则 $K=-1$，若
无影响，$K=0$；

S——表明 E_i 事件发生对其他事件 E_j 的影响程度，$0<S<1$，随影响程度由小
到大，S 取值由 0 到 1 逐渐加大。

E_i 事件发生后，其他事件 E_j 发生概率的调整如图 6-3 所示。

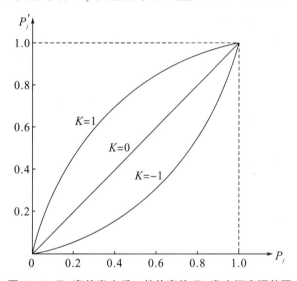

图 6-3　E_i 事件发生后，其他事件 E_j 发生概率调整图

（二）定量预测方法

定量分析就是根据已掌握的大量信息资料，运用统计和数学的方法，进行数量计算
或图解，来推断事物发展趋势及其发展程度的一种方法。定量定的是影响因素量。因素
量是指对预测目标（y）的影响因素（x）的量。研究影响因素（x）与预测目标（y）
之间的因果关系及影响程度，可用函数 $y=f(x)$ 来表示。

1. 滑动平均法

滑动平均法属于时间序列预测法。时间序列是指一组按时间顺序排列的有序数据序
列。时间序列预测法是从分析时间序列的变化特征等信息中，选择适当的模型和参数建
立预测模型，并根据惯性原则，假定预测对象以往的变化趋势会延续到未来，从而作出
预测。时间序列预测法的基本思想是把时间序列作为一个随机应变量序列的样本，用概
率统计方法尽可能减少偶然因素的影响，或消除季节性、周期性变动的影响，通过分析
时间序列的趋势进行预测。该预测方法的一个明显特征是所用的数据都是有序的。这类
方法预测精度偏低，通常要求研究系统相当稳定，历史数据量要大，数据的分布趋势较
为明显。

一般情况下，可以认为未来的状况与较近时期的状况有关。根据这一假设，可采用

与预测期相邻的几个数据的平均值。随着预测期向前滑动，相邻的几个数据的平均值也向前滑动，将其作为滑动预测值。

假设未来的状况与过去 t 个月的状况关系较大，而与更早的状况联系较少，因此可用过去 t 个月的平均值作为下个月的预测值。这样可以减少偶然因素的影响。预测平均值可用式（6-5）计算：

$$\bar{x}_{t+1} = \frac{x_t + x_{t-1} + \cdots + x_{t-(t-1)}}{t} \qquad (6-5)$$

式中 $\bar{x}_{t+1}$——预测平均值；

t——时间单位数；

x_t——t 时期的实际数据。

在这一方法中，对各项不同时期的实际数据是同等看待的。但实际上，距离预测期较近的数据与较远的数据，它们的作用是不等的，尤其在数据变化较快的情况下更应考虑到这一点。

为了克服上述缺点，可采用加权滑动平均法来缩小预测偏差。加权滑动平均法根据距离预测期的远近，预测对象的不同，给各期的数据以不同的权数，把求得的加权平均数作为预测值。

对不同月份数据进行加权后，其公式为：

$$\bar{x}_{t+1} = \frac{c_t x_t + c_{t-1} x_{t-1} + \cdots + c_{t-(t-1)} x_{t-(t-1)}}{c_t + c_{t-1} + \cdots + c_{t-(t-1)}} \qquad (6-6)$$

式中 c_t——t 时期的权数；

x_t——t 时期的实际数据。

由此可得：

$$\bar{x}_{t+1} = \frac{\sum_{i=0}^{t-1} c_{t-i} x_{t-i}}{\sum_{i=0}^{t-1} c_{t-i}} \qquad (6-7)$$

例 6-3 表 6-3 列出了某矿务局 2010—2017 年采煤机械化程度，利用滑动平均法和加权滑动平均法来预测 2018 年的采煤机械化程度。

表 6-3 某矿机械化程度和统计数据

年份	实际机械化程度（%）	3年的滑动平均值 $\bar{x}_{t+1} = \frac{x_t + x_{t-1} + x_{t-2}}{3}$	5年的滑动平均值 $\bar{x}_{t+1} = \frac{x_t + x_{t-1} + x_{t-2} + x_{t-3} + x_{t-4}}{5}$	3年的加权滑动平均值 $\bar{x}_{t+1} = \frac{3x_t + 2x_{t-1} + x_{t-2}}{6}$
2010	61.35			
2011	69.45			
2012	70.44			
2013	73.88	67.08		68.82
2014	79.00	71.26		72.00

续表

年份	实际机械化程度（%）	3年的滑动平均值 $\bar{x}_{t+1}=\dfrac{x_t+x_{t-1}+x_{t-2}}{3}$	5年的滑动平均值 $\bar{x}_{t+1}=\dfrac{x_t+x_{t-1}+x_{t-2}+x_{t-3}+x_{t-4}}{5}$	3年的加权滑动平均值 $\bar{x}_{t+1}=\dfrac{3x_t+2x_{t-1}+x_{t-2}}{6}$
2015	81.00	74.44	70.82	75.87
2016	88.06	77.96	74.75	79.15
2017	91.00	82.69	78.48	84.20
2018		86.69	82.59	88.35

从表6-3中可以看出，应用3种滑动平均对采煤实际机械化程度的变化的反应是各不相同的。由于3年的加权滑动平均更强调近期的作用，它对机械化程度的变化反映较快，预测值符合实际。5年的滑动平均对机械化程度的变化反映较为迟缓，但它反映的数值较为平滑、波动少，可以看出机械化程度的变化趋势。

2. 马尔科夫预测法

（1）马尔科夫链。

马尔柯夫在20世纪初经过多次试验研究发现，现实中有这样一类随机过程，在系统状态转移过程中，系统未来的状态只与现在的状态有关，而与过去的状态无关，这种性质叫作无后效性。符合这种性质的状态转移过程称为马尔科夫过程（Markov Process）。

如果马尔科夫过程的状态和时间参数都是离散的，则称为马尔科夫链。

在马尔科夫链中，一个重要的概念就是状态的转移。如果过程由一个特定的状态变化到另一个特定的状态，则该过程实现了状态转移。例如，机器的故障和正常有两种状态，则状态的转移就有4种情形，如图6-4所示。显然，在这种状态转移过程中，t_n时刻的状态只与t_{n-1}时刻的状态有关，而与t_{n-1}时刻之前的状态无关。

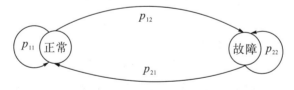

图6-4　状态转移图

（2）状态转移概率矩阵及其基本性质。

既然状态的转移是一种随机现象，那么为了对状态转移过程进行定量描述，必须引入状态转移概率的概念。假设系统有 n 个状态，状态转移概率是指由状态 i 转移到状态 j 的概率，记为 p_{ij}。p_{ij} 只与 i 和 j 有关，即只与转移前后的状态有关，这个概率也称为马尔科夫链的一步转移概率。

图6-4中，若令正常状态为1，故障状态为2，则由正常状态转为故障状态的概率可记为 p_{12}，正常状态转为正常状态的概率可记为 p_{11}。故障状态转移为正常状态的概率可记为 p_{21}，故障状态转移为故障状态的概率可记为 p_{22}。一步状态转移概率可以用

式（6-8）表示：

$$P = \begin{bmatrix} p_{11} & p_{12} \\ p_{21} & p_{22} \end{bmatrix} \tag{6-8}$$

矩阵 P 称为一步状态转移概率矩阵，简称概率矩阵。

概率矩阵具有如下一些特点：

①若矩阵 A 和 B 都是概率矩阵，则 A 和 B 的乘积也是概率矩阵。同样，A 的 n 次幂 A^n 也是概率矩阵。

②若概率矩阵 P 的 m 次幂 P^m 的所有元素皆为正，则该概率矩阵 P 称为正规概率矩阵（此处 $m \geq 2$）。

③当任一非零向量 $u = (u_1, u_2, \cdots, u_n)$ 左乘某一方阵 A 后，其结果仍为 u，即不改变 u 中各元素的值，则称 u 为 A 的固定向量（或不动点）。即：

$$uA = u \tag{6-9}$$

④正规概率矩阵具有如下性质：

正规概率矩阵 P 有一个固定概率向量 u，且 u 的所有元素皆为正，此向量叫做特征向量；正规概率矩阵 P 的各次幂序列 P，P^2，P^3 等趋近于某一方阵 U，且 U 的每一行均为其固定概率向量 u；若 T 为任一概率向量，则向量序列 TP^1，TP^2，TP^3 等将趋近于 P 的固定概率向量 u。

⑤若某事物状态转移概率可以表达为正规概率矩阵，则该马尔科夫链就是正规的，通过若干步转移，最终会达到某种稳定状态（即其后再转移一次、二次、…，结果也不再变化），这时稳定状态可以用向量 u 来表示：

$$\begin{cases} u = (u_1, u_2, \cdots, u_n) \\ \sum_{i=1}^{u} u_i = 1 \end{cases} \tag{6-10}$$

向量 u 即为此正规概率矩阵的固定概率向量。

例6-4 某事物的状态转移概率矩阵为一正规概率矩阵：

$$P = \begin{bmatrix} 0.5 & 0.25 & 0.25 \\ 0.5 & 0 & 0.5 \\ 0.25 & 0.25 & 0.5 \end{bmatrix}$$

则若干步转移后达到稳定状态时的固定概率向量 $u = (u_1, u_2, u_3)$，可进行如下求解：

$$\begin{cases} (u_1, u_2, u_3) \begin{bmatrix} 0.5 & 0.25 & 0.25 \\ 0.5 & 0 & 0.5 \\ 0.25 & 0.25 & 0.5 \end{bmatrix} = (u_1, u_2, u_3) \\ u_1 + u_2 + u_3 = 1 \end{cases}$$

解此方程组可得：$u = (0.4, 0.2, 0.4)$。

⑥事物经过 k 步由状态 i 转移至状态 j 的概率称为 k 步转移概率，记为 $P^{(k)}$：

$$\boldsymbol{P}^{(k)} = \begin{bmatrix} p_{11}^{(k)} & p_{12}^{(k)} & \cdots & p_{1n}^{(k)} \\ p_{21}^{(k)} & p_{22}^{(k)} & \cdots & p_{2n}^{(k)} \\ \vdots & \vdots & & \vdots \\ p_{n1}^{(k)} & p_{n2}^{(k)} & \cdots & p_{nn}^{(k)} \end{bmatrix} \tag{6-11}$$

在数学上可以证明，$\boldsymbol{P}^{(k)} = \boldsymbol{P}^k$，即 k 步转移概率矩阵为一步状态转移概率矩阵的 k 次幂。

例 6-5 某单位对 1250 名接触矽尘人员进行健康检查时，发现职工的健康状况分布见表 6-4。

表 6-4 本年度接触硅尘职工健康状况分布

健康状况	健康	疑似硅肺	硅肺
代表符号	$s_1^{(0)}$	$s_2^{(0)}$	$s_3^{(0)}$
人数	1000	200	50

根据统计资料，前年到去年人员健康的变化情况如下：

健康人员继续保持健康者剩 70%，有 20% 的人变为疑似硅肺，10% 的人被定为硅肺，即：$p_{11} = 0.7$，$p_{12} = 0.2$，$p_{13} = 0.10$。

原有疑似硅肺者一般不可能恢复为健康者，仍保持原状者为 80%，有 20% 被正式定为硅肺，即 $p_{21} = 0$，$p_{22} = 0.8$，$p_{23} = 0.2$。

硅肺患者一般不可能恢复为健康或返回疑似硅肺，即 $p_{31} = 0$，$p_{32} = 0$，$p_{33} = 1$。

状态转移概率矩阵为：

$$\boldsymbol{P} = \begin{bmatrix} p_{11} & p_{12} & p_{13} \\ p_{21} & p_{22} & p_{23} \\ p_{31} & p_{32} & p_{33} \end{bmatrix} = \begin{bmatrix} 0.7 & 0.2 & 0.1 \\ 0 & 0.8 & 0.2 \\ 0 & 0 & 1 \end{bmatrix}$$

试预测来年接触硅尘人员的健康状况。

解： 一年后健康者人数为：

$$s_1^{(1)} = (s_1^{(0)}, s_2^{(0)}, s_3^{(0)}) \begin{bmatrix} p_{11} \\ p_{21} \\ p_{31} \end{bmatrix} = (1000, 200, 50) \begin{bmatrix} 0.7 \\ 0 \\ 0 \end{bmatrix}$$

$$= 1000 \times 0.7 + 200 \times 0 + 50 \times 0 = 700$$

一年后疑似硅肺人数为：

$$s_2^{(1)} = (s_1^{(0)}, s_2^{(0)}, s_3^{(0)}) \begin{bmatrix} p_{12} \\ p_{22} \\ p_{32} \end{bmatrix} = (1000, 200, 50) \begin{bmatrix} 0.2 \\ 0.8 \\ 0 \end{bmatrix}$$

$$= 1000 \times 0.2 + 200 \times 0.8 + 50 \times 0 = 360$$

一年后硅肺患者人数为：

$$s_3^{(1)} = (s_1^{(0)}, s_2^{(0)}, s_3^{(0)}) \begin{pmatrix} p_{13} \\ p_{23} \\ p_{33} \end{pmatrix} = (1000, 200, 50) \begin{pmatrix} 0.1 \\ 0.2 \\ 1 \end{pmatrix}$$

$$= 1000 \times 0.1 + 200 \times 0.2 + 50 \times 1 = 190$$

预测结果表明，该单位硅肺发展速度快，必须立即加强防尘工作和医疗卫生工作。

3. 灰色预测法

灰色系统理论是我国学者邓聚龙教授于 1982 年创立的。对于掌握信息的完备程度，人们常用颜色作出简单、形象的描述。例如，将内部信息已知的系统称为白色系统；将信息未知的或非确知的系统，称为黑色系统。而将信息不完全确知的系统，也就是系统中既含有已知的信息又含有未知的或非确知的信息，称为灰色系统（Grey System）。灰色系统理论的思想就是挖掘、发现有用的信息，充分利用和发挥现有信息的作用，以分析和完善系统的结构，预测系统的未来，改进系统的功能。

灰色系统将一切随机变量看作在一定范围内的灰色量，将随机过程看作在一定范围内变化的与时间有关的灰色过程。灰色量不是从统计规律的角度通过大样本量进行研究的，而是采用数据处理的方法（数据生成）将杂乱无章的原始数据整理成规律性较强的生成数列，再做研究。

将灰色系统理论用于安全生产事故预测，一般选用 GM (1, 1) 模型，是一阶灰色微分方程模型。

(1) 灰色预测建模方法。

设原始离散数列 $x^{(0)}(n)$，其中 n 为数列的长度，对其进行一次累加生成处理：

$$x^{(1)}(i) = \sum_{k=1}^{i} x^{(0)}(k) \qquad (i = 1, 2, \cdots, n) \qquad (6-12)$$

以生成新的数列为基础建立灰色的生成模型：

$$\frac{\mathrm{d}x^{(1)}}{\mathrm{d}t} + ax^{(1)} = u \qquad (6-13)$$

式中　　a——发展灰数；

　　　　u——内生控制灰数。

上述方程称为一阶灰色微分方程，记为 GM (1, 1)。

构造数据矩阵 $\boldsymbol{B}$，$\boldsymbol{Y}_n$，其中：

$$\boldsymbol{B} = \begin{bmatrix} -(x^{(1)}(1) + x^{(1)}(2))/2 & 1 \\ -(x^{(1)}(2) + x^{(1)}(3))/2 & 1 \\ \vdots & \vdots \\ -(x^{(1)}(n-1) + x^{(1)}(n))/2 & 1 \end{bmatrix} \qquad (6-14)$$

$$\boldsymbol{Y}_n = (x^{(0)}(2), x^{(0)}(3), \cdots, x^{(0)}(n))^{\mathrm{T}} \qquad (6-15)$$

求解微分方程，即可得预测模型：

$$x^{(1)}(k+1) = \left[x^{(0)}(1) - \frac{u}{a} \right] \mathrm{e}^{-ak} + \frac{u}{a} \qquad (k = 0, 1, 2 \cdots, n) \qquad (6-16)$$

对 $x^{(1)}(k+1)$ 求导，还原得到：

$$\hat{x}{}^{(0)}(k+1) = -a\left[x^{(0)}(1) - \frac{u}{a}\right]e^{-ak} \approx -(1-e^a)\left[x^{(0)}(1) - \frac{u}{a}\right]e^{-ak}$$

$$(6-17)$$

利用式（6-1）即可进行预测。为了保证预测的准确率，通常要对模型精度进行检验。

（2）模型精度检验。

模型精度通常用"后验差检验法"进行检验：

①相对误差。

$$q(i) = \varepsilon^{(0)}(i)/x^{(0)}(i)$$

$$(6-18)$$

式中，$\varepsilon^{(0)}(i)$ 为原始数列值 $x^0(i)$ 与预测值 $\hat{x}{}^{(0)}(i)$ 的差值，即残差：

$$\varepsilon^{(0)}(i) = x^{(0)}(i) - \hat{x}{}^{(0)}(i)$$

$$(6-19)$$

②后验差比值 c。

后验差比值 c 是残差均方差 s_e 与数据均方差 s_x 之比，即：

$$c = \frac{s_e}{s_x}$$

$$(6-20)$$

显然，残差均方差越小，预测精度越高，但其数值大小与原始数据的大小有关。因此，取它们的比值作为统一的衡量标准。

残差均值：

$$\bar{\varepsilon}^{(0)} = \frac{1}{n}\sum_{i=1}^{n}\varepsilon^{(0)}(i)$$

$$(6-21)$$

残差方差：

$$s_e^2 = \frac{1}{n}\sum_{i=1}^{n}\left[\varepsilon^{(0)}(i) - \bar{\varepsilon}^{(0)}\right]^2$$

$$(6-22)$$

原始数据均值：

$$\bar{x}^{(0)} = \frac{1}{n}\sum_{i=1}^{n}x^{(0)}(i)$$

$$(6-23)$$

原始数据方差：

$$s_x^2 = \frac{1}{n}\sum_{i=1}^{n}\left[x^{(0)}(i) - \bar{x}^{(0)}\right]^2$$

$$(6-24)$$

③小误差概率 p。

$$p = P\left[\left|\varepsilon^{(0)}(i) - \bar{\varepsilon}^{(0)}\right| < 0.6745s_x\right]$$

$$(6-25)$$

精确预测一般要求 c 越小越好，一般应使 $c<0.35$，最大不超过 0.65；p 越大越好，一般要求 $p>0.95$，不得小于 0.7。预测精度通常分为 4 个，各预测精度的标准见表 6-5。

表 6-5　各预测精度的标准

预测精度	p	c
好	>0.95	<0.35
合格	>0.80	<0.45

预测精度	p	c
勉强	>0.70	<0.50
不合格	≤ 0.70	≥ 0.65

第二节　事故预防理论

一、事故的可预防性

(一) 事故的发展阶段

如同一切事物一样，事故也有其发生、发展及消除的过程，因此是可以预防的。事故的发展一般可归纳为三个阶段：孕育阶段、生长阶段和损失阶段。各阶段都具有自己的特点。

(1) 孕育阶段。事故的发生有其基础原因，即社会因素和上层建筑方面的原因（如地方保护主义），各种设备在设计和制造过程中均潜伏着危险。此时，事故处于无形阶段，人们可以感觉到它的存在，预测到它必然会出现，但不能指出它的具体形式。

(2) 生长阶段。在此阶段会出现企业管理缺陷，不安全状态和不安全行为得以发生，构成了生产中的事故隐患，即危险因素。在这一阶段，事故处于萌芽状态，人们可以具体指出它的存在，此时有经验的安全工作者已经可以预测事故的发生。

(3) 损失阶段。当生产中的危险因素被某些偶然事件触发时，就要发生事故。包括起因物和环境的影响，使事故发生并扩大，造成伤亡和经济损失。

研究事故的发展阶段是为了识别和预防事故。安全工作的目的是要避免因事故而造成损失，因此要将事故消灭在孕育阶段和生长阶段。

任何事故发生都是有原因的，事故是一系列事件发生的后果。这些事件是一系列的，一件接一件发生的，只要让这一系列和一连串事件中有一件不发生，事故就会戛然而止，这就是预防事故的关键。基于此，杜邦公司才有"从科学出发，一切事故都是可以预防的"这一论点，这一论点也才能得到科学研究者和基层实践者的一致认同。

很多企业管理者都明白这个道理，因此采取各种各样的措施，尽力铲除事故发生的条件，从根本上斩断那些环环相扣的"事故链"，事故发生率大大降低。

综上所述，只要我们在思想上真正树立起"一切事故都是可以预防的"理念，在行动上保证安全落到实处，切切实实杜绝一切"三违"行为，从管理上真正把"安全第一，预防为主"作为至高无上的准则来执行，铲除一切事故发生的条件，事故预防也就会成为现实。

(二) 事故法则

事故的发生具有随机性，事故发生后造成后果也具有随机性，这种随机性反映在事故发生频率和事故后果严重程度的关系上。

　　事故发生频率是单位时间内发生的事故次数。事故后果严重程度是事故发生后其后果带来的损失大小的度量。事故后果损失包括人员生命健康方面的损失、财产损失、生产损失或环境方面的损失等可见的损失，以及受伤害者本人、亲友、同事等遭受的心理冲击，事故造成的不良社会影响等无形的损失。由于无形的损失主要取决于可见损失，因此事故后果严重程度集中表现在可见损失的大小上。通常，以伤害的严重程度来描述人员生命健康方面的损失，以损失价值的金额数来表示事故造成的财产损失或生产损失。

　　美国的海因里希早在20世纪30年代就研究了事故发生频率与事故后果严重程度之间的关系。海因里希对55万起伤害事故案例进行了详细的调查研究，根据调查结果的统计处理得出结论，在每330次同类事故中，会造成死亡、重伤事故1次，轻伤、微伤害事故29次，无伤事故300次，即事故后果分别为严重伤害、轻微伤害和无伤害的事故次数之比为1∶29∶300，海因里希法则如图6-5所示。

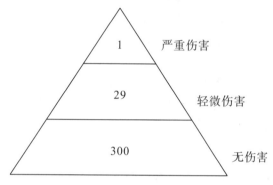

图6-5　海因里希法则

　　比例1∶29∶300被称为海因里希法则，同时也称为事故金字塔，它反映了事故发生频率与事故后果严重程度之间的一般规律，即事故发生后带来严重伤害的情况是很少的，造成轻微伤害的情况稍多，而事故发生后无伤害的情况是最多的。

　　该法则提醒人们，某人在遭受严重伤害之前，可能已经经历了数百次没有带来严重伤害的事故。在无伤害或轻微伤害的背后，隐藏着与造成严重伤害事故相同的原因因素。在事故预防工作中，避免严重伤害应该在发生轻微伤害或无伤害事故时就分析其发生原因，尽早采取恰当对策以防止事故发生，而不是在发生了严重伤害之后才追究其原因，采取改进措施。也就是说，防止灾害的关键不在于防止伤害，而是要从根本上防止事故的发生。

　　综上所述，事故的发生有其规律，除人类无法左右的自然因素造成的事故（如地震、山崩等）外，在人类生产和生活中所发生的各种事故均可以预防。

二、事故的预防原则

　　事故预防是根据事故致因理论分析事故的致因及相互关系，采取有效的防范措施消除事故致因因素，从而避免事故发生。在预防事故发生的过程中应遵循以下原则：

（一）可预防原则

工伤事故是人灾。人灾的特点和天灾不同，要想防止人灾，应立足于防患于未然。原则上讲，人灾都是能够预防的。因此，对人灾不能只考虑发生后的对策，必须考虑发生之前的对策。安全工程学中将预防灾害作为重点，安全管理强调以预防为主。但是，要预防所有人灾是困难的。归根结底，要贯彻人灾可以预防的原则，就必须将防患于未然作为目标。

在事故原因的调查报告中，常会见到记载事故原因是不可抗拒的。所谓不可抗拒，也许是认为对于受害者本人来说不能避免，而不是从被害者的立场考虑的。如果站在预防事故再次发生的立场考虑，则应该存在其他原因，而且绝不是不可抗拒的，而是通过实施有效对策可以防患于未然的。

过去多倾向于采取事后对策。例如，应对火灾、爆炸的对策有：建筑物的防火结构、限制危险物贮存数量、安全距离、防爆墙、防油堤等，以便减少事故发生时产生的损害；设置火灾报警器、灭火器、灭火设备等，以便早期发现、扑灭火灾；设立避难设施、急救设施等，以便在灾害扩大时作紧急处理。即使完全实施这些事后对策，也不一定能够完全预防火灾和爆炸。为了防止火灾和爆炸，妥善管理发生源和危险物质是必需的，而且通过妥善管理是可以预防火灾、爆炸的。当然，采取事后对策也是必要的。

总之，针对人为灾害的对策是防患于未然的对策，比事故发生后处置更为重要。安全工程学的研究重点应放在事故前的对策上。

（二）偶然损失原则

分析"灾害"这个词的概念，包含着意外事故及由此而产生的损失这两层意思，现分别论述如下。

如前所述，事故就是在正常流程上没有记载的事件。例如，内装物质从管道内漏出或喷出、高压装置破裂、可燃性气体爆炸、易燃气体发生火灾、锅炉过热、电气设备漏电、钢丝绳断裂、堆积的货物倒塌、物体从高处落下、货车脱轨等种种事件，都列为事故。

这些事故将造成损失。损失包括人的死亡、受伤、有损健康、精神受损等。除此之外，还包括原材料、产品的烧毁或者污损，设备破坏，生产减退，赔偿金的支付及丧失市场等物质损失。

可以把造成人的损失的事故称为人的事故，造成物的损失的事故称为物的事故。

人的事故可分为如下三类：

（1）由于人的动作所引起的事故，例如绊倒、高空坠落、人和物相撞、人体扭转等。

（2）由于物的运动引起的事故，例如人受飞来物体打击、重物压迫、旋转物夹持、车辆撞压等。

（3）由于接触或吸收引起的事故，例如接触带电导线而触电、受到放射线辐射、接触高温或低温物体、吸入或接触有害物质等。

这些人的事故会造成在人体的局部或全身引起骨折、脱臼、创伤、电击伤害、烧伤、冻伤、化学伤害、中毒、窒息、放射性伤害等疾病或伤害，有时会造成死亡。

事故和损失之间有下列关系：一个事故产生的损失大小或损失种类由偶然性决定。反复发生的同种事故并不一定产生相同的损失。

发生瓦斯爆炸事故时，被破坏设备的种类、有无负伤者或受伤人数的多少、负伤部位或程度、爆炸后有无并发火灾等以及爆炸事故当时发生的地点、人员配置、周围可燃物数量等都是由偶然性决定的，一律不能预测。

也有在事故发生时完全不伴有损失的情况，这种事故称为险肇事故。即便是类似这种避免了损失的危险事故再次发生，会产生多大的损失只能由偶然性决定，而不能预测。因此，为了防止造成巨大的损失，唯一的办法是防止事故再次发生。

因此，事后不管有无损失，作为防止灾害的根本还是防患于未然。因为如果完全防止了事故，就避免了损失。

灾害这个概念就是由事故及其损失两部分构成的，同样的事故其损失是偶然的，这个原则具有非常大的意义。

（三）因果关系原则

如前所述，防止灾害的重点是防止发生事故。事故之所以发生，是有它的必然原因的。事故的发生与其原因之间有着必然的因果关系。事故与原因是必然的关系，事故与损失是偶然的关系。

一般来讲，事故原因常可分为直接原因和间接原因。直接原因又称为一次原因，是在时间上最接近事故发生的原因，通常又将其进一步分为两类：物的原因和人的原因。物的原因是指事故是由设备、环境不良所引起的，人的原因则是指事故是由人的不安全行为引起的。

事故的间接原因有以下五项：

（1）技术的原因，包括主要装置、机械、建筑物的设计，建筑物竣工后的检查、保养等技术不完善，机械装备的布置，工厂地面、室内照明及通风、机械工具的设计和保养，危险场所的防护设备及警报设备，防护用具的维护和配备等所存在的技术缺陷。

（2）教育的原因，包括与安全有关的知识和经验不足，对作业过程中的危险性及其安全运行方法无知、轻视、不理解，训练不足，没有经验等。

（3）身体的原因，包括身体有缺陷，如头疼、眩晕，癫痫等疾病，近视、耳聋等，由于睡眠不足而产生疲劳。

（4）精神的原因，包括怠慢、反抗、不满等不良态度，焦躁、紧张、恐怖、心不在焉等精神状态，褊狭、固执等性格缺陷。

（5）管理的原因，包括企业主要领导人对安全的责任心不强，作业标准不明确，缺乏检查保养制度，人事配备不完善，劳动意志消沉等管理上的缺陷。

一般来说，事故发生的间接原因不外乎上述五个间接原因中的某一个，或者某两个以上的原因同时存在。实际上，在这些原因中，技术、教育及管理这三个方面的原因占绝大部分。

除此之外，还必须考虑以下两个更深层次的原因：

（1）学校教育的原因。由于小学、中学、大学等教育组织的安全教育不彻底。

（2）社会或历史的原因。由于有关安全的法规或行政机构不完善，社会思想不开化。

上述两项原因的由来是很深远的，要有针对性地提出对策是困难的，需要在社会上进一步解决。但是，必须深刻认识到这些问题是事故发生的最深层次的基础原因。

如上所述，分析事故发生的原因，可按如下连锁关系理解事故的经过：

损失←事故←一次原因（直接原因）←二次原因（间接原因）←基础原因

如果去掉其中任何一个原因，就切断了这个连锁，就能够防止事故发生，这就是实施防止对策。因此，选定适当的防止对策，取决于正确的事故原因分析。

即使去掉了直接原因，只要间接原因还在，同样不能防止直接原因再次发生。因此，作为最根本的对策，应当分析事故原因，追溯到二次原因和基础原因，并深刻地对其进行研究。

（四）"3E+1C"事故预防对策

各种原因中，技术的原因、教育的原因及管理的原因，这3项是造成事故发生最重要的原因。与这些原因相应的预防对策为技术对策（Engineering）、教育对策（Education）及法制对策（Enforcement）。通常，把三项对策称为"3E"安全对策。

通过运用"3E"安全对策，能够取得防止事故的效果。如果片面强调其中任何一个对策，如强调法制，是不能得到满意的效果的，它一定要伴随技术和教育的进步才能发挥作用，而且改进的顺序应该是技术、教育、法制。技术充实之后，才能提高教育效果；而技术和教育充实之后，才能实行合理的法制。

（1）技术对策。技术对策是和安全工程学的对策不可分割的。当设计机械装置或工程以及建设工厂时，要认真地研究、讨论潜在危险，预测发生某种危险的可能性，从技术上研究防止这些危险的对策。工程一开始就应把它编入蓝图，而且像这样实施了安全设计的机械装置或设施，需要应用检查和保养技术，确实保障原计划的实现。

为了实施这样的技术对策，应该了解所有有关的化学物质、材料、机械装置和设施，了解其危险性质、构造及其控制的具体方法。

为此，不仅有必要归纳整理各种已知的资料，而且要测定性质未知的有关物质的各种危险性质。为了得到机械装置安全设计所需要的其他资料，还要反复进行各种实验研究，以收集有关防止事故的资料。

（2）教育对策。教育作为一种安全对策，在产业部门和教育机关组织的各种学校均有必要实施安全教育和训练。

一方面，安全教育应当尽可能从幼年时期开始，从小就灌输对安全的良好认识和习惯；还应在中学及高等学校中，通过化学实验、运动竞赛、远足旅行、骑自行车、驾驶汽车等方式实行具体的安全教育和训练。

另一方面，培养教师的机构必须培养能在学校担任安全教育的教师。作为教育机关的工业高等学校、工业高等专科学校或大学工程部，对将来担任技术工作的学生，应该系统地教授必要的安全工程学知识；对公司和工厂的技术人员，应该按照具体的业务内容对其进行安全技术及管理方法的教育。

（3）法制对策。

法制对策是从属于各种标准的。作为标准，除了国家法律规定以外，还有学术团体编写的安全指南和工业标准，公司、工厂内部的工作标准等。其中，强制执行的标准叫作指令性标准，劝告性的非强制的标准叫作推荐标准。

法规必须具有强制性，如果规定过于详细，就会造成某些工程适合其规定而其他的工程不适合的后果，势必妨碍生产。其造成的结果是只有盛行最低标准的法规，才可以适用于所有场合。换言之，这说明除指令式法规外，大量的推荐式标准也是必需的。

随着安全研究和实践的深入，人们逐渐意识到安全文化（Culture）建设的重要性。安全文化建设除关注人的知识、技能、意识、思想、观念、态度、道德、伦理、情感等内在素质外，还重视人的行为。安全文化建设的意义在于，使人类在实现安全生存和保障企业安全生产的过程中，又增添了新的策略和方法，于是形成了"3E+1C"事故预防对策。

综上所述，在选择预防事故的对策时，如果没有选择最适当的对策，效果就不好，最适当的对策是在原因分析的基础上得来的。

（五）本质安全化原则

本质安全是指通过设计等手段使生产设备或生产系统本身具有安全性，即使在误操作或发生故障的情况下也不会造成事故。具体包括以下两个方面的内容：①失误——安全功能，指操作者即使操作失误，也不会发生事故或伤害，或者说设备、设施和技术工艺本身具有自动防止人的不安全行为的功能。②故障——安全功能，指设备、设施或生产工艺发生故障或损坏时，还能暂时维持正常工作或自动转变为安全状态。

上述两种安全功能应该是设备、设施和技术工艺本身固有的，即在其规划设计阶段就被纳入其中，而不是事后补偿的。

本质安全是生产中预防为主的根本体现，也是安全生产的最高境界。实际上，由于技术、资金和人们对事故的认识不足等原因，目前还很难做到本质安全，只能将其作为追求的目标。

本质安全化就是将本质安全的内涵扩大，是指在一定的技术经济条件下，生产系统具有完善的安全防护功能，系统本身具有相当可靠的质量，系统运行过程同样具有相当可靠的性质。

实现本质安全化，要求安全技术的发展必须超前于生产技术的发展。同时，还要求不断改进防护器具、安全报警装置等安全保护装置。实现安全本质化，还要求人—机—环境必须具备相当可靠的质量。因为质量不合格的系统必然存在危险因素，并潜藏事故隐患，不论是设备故障，还是人员技能不合格，都可能酿成事故。实现安全本质化的关键在于管理主体对管理客体能否实施有效地控制。

因此，企业要想实现本质安全化，必须做到以下五点：

（1）设备本质安全。设备在设计和制造环节中都要考虑应具有较完善的防护功能，以保证设备和系统能够在规定的运转周期内安全、稳定、正常地运行，这是防止事故发生的主要手段。

（2）运行本质安全。这是指设备的运行是正常的、稳定的，并且自始至终都处于受控状态。

（3）人员本质安全。这是指作业者完全具有适应生产系统要求的生理、心理条件，具有在生产全过程中很好地控制各个环节安全运行的能力，具有正确处理系统内各种故障及意外情况的能力。要具备这样的能力，首先要提高职工的职业思想、职业道德、职业技能和职业纪律；其次要开展安全教育，实现由"要我安全"到"我要安全"的转变；最后要提高职工的政策法制观念、安全技术素质和应变能力。

（4）环境本质安全。这里所说的环境包括空间环境、时间环境、物理化学环境、自然环境和作业现场环境。环境要符合各种规章制度和标准。实现空间环境的本质安全，应保证企业的生产空间、平面布置和各种安全卫生设施、道路等都符合国家有关法规和标准；实现时间环境的本质安全，必须按照设备使用说明和设备定期试验报告，做到设备的修理和更新，同时必须遵守劳动法，使人员在体力能承受的法定工作时间内从事工作；实现物理化学环境本质安全，就要以国家标准作为管理依据，对采光、通风、温湿度、噪声、粉尘及有毒有害物质采取有效措施，加以控制，以保护劳动者的健康和安全；实现自然环境本质安全，就是要提高装置的抗灾防灾能力，组织落实事故灾害的应急预防对策。

（5）管理本质安全。安全管理就是管理主体对管理客体实施控制，使其符合安全生产规范，达到安全生产的目的。安全管理的成败取决于能否有效控制事故发生。当前，安全管理要从传统的问题发生型管理逐渐转向现代的问题发现型管理。为此，必须运用安全系统工程原理进行科学分析，做到超前预防。

（六）危险因素防护原则

当无法实现系统的本质安全时，即生产过程中存在危险因素时，为了实现安全生产，避免事故发生，必须采取一定的防护措施。危险因素防护原则包括：

（1）消除潜在危险的原则。

用高新技术或其他方法消除人周围环境中的危险和有害因素，从而保证系统的最大可能的安全性和可靠性，最大限度的防护危险因素。

安全技术的任务之一就是研制出适应具体生产条件的确保安全的装置，或称故障自动保险或失效保护装置，以增加系统的可靠性。即使人因不安全行动而违章操作，或个别部件发生了故障，也会因为该安全装置的作用而完全避免伤亡事故的发生。

（2）降低潜在危险因素数量的原则。

当不能根除危险因素时，应采取措施降低潜在危险和有害因素的数量。这一原则可提高安全水平，但不能最大限度的防护危险因素。实质上该原则只能获得折中的解决办法。

例如，在人—物质（环境）系统中，不像人—机系统那样易于装上失效保护装置，如室外作业或环境中存在有害气体，这就要从保护人的角度，减少吸入的尘毒数量，加强个体防护。

（3）距离防护原则。

生产中的危险和有害因素的作用，依照与距离有关的某种规律而减弱。例如，对放射性等电离辐射的防护、噪声的防护等均可应用距离防护原则来减弱其危害。采取自动化和遥控的方式，使操作人员远离作业地点，以实现生产设备高度自动化，这是今后的发展方向。

（4）时间防护原则。

这一原则是使人处于危险和有害因素作用的环境中的时间缩短至安全限度内。

（5）屏蔽原则。

这一原则是在危险和有害因素作用的范围内设置障碍，以防护危险和有害因素对人的侵袭。障碍分为机械的、光电的、吸收的（如铅板吸收放射线）类型等。

（6）坚固原则。

以安全为目的，提高设备结构强度，以提高安全系数。尤其在设备设计时更要充分运用这一原理，例如起重运输的钢丝绳、坚固性防爆的电机外壳等。

（7）薄弱环节原则。

与上述原则相反，此原则是利用薄弱的元件，当它们在危险因素尚未达到危险值之前已被预先破坏，如保险丝、安全阀等。

（8）不予接近的原则。

这一原则是使人不能落入危险和有害因素作用的地带，或者在人操作的地带中防止危险和有害因素落入，如安全栅栏、安全网等。

（9）闭锁原则。

这一原则是以某种方法保证一些元件强制发生相互作用，以保证安全操作。如防爆电器设备当防爆性能破坏时则自行断电，提升罐笼的安全门不关闭就不能合闸开启等。

（10）取代操作人员的原则。

在不能消除危险和有害因素的条件下，为摆脱不安全因素对工人的危害，可用机器人或自动控制器来代替人。

（11）警告和禁止信息原则。

以人为目标，运用组织和技术，如光、声信息和标志，不同颜色的信号，安全仪表，培训等信息流来保证安全生产。

三、事故的预防方法

（一）降低事故的发生概率

影响事故发生概率的因素很多，如系统的可靠性、系统的抗灾能力、人的失误和违章等。在生产作业过程中，既存在自然的危险因素，也存在人为的生产技术方面的危险因素。这些因素能否导致事故发生，不仅取决于组成系统各要素的可靠性，而且还受到企业管理水平和物质条件的限制。因此，降低系统事故的发生概率，最根本的措施是设法使系统达到本质安全化，使系统中的人、物、环境和管理安全化。一旦设备或系统发生故障时，能自动排除、切换或安全地停止运行；当人发生操作失误时，设备、系统能自动保证人机安全。

要做到系统的本质安全化，应采取以下4个综合措施：

1. 提高设备的可靠性

要控制事故的发生概率，提高设备的可靠性是基础。为此，应采取以下措施：

（1）提高元件的可靠性。设备的可靠性取决于组成元件的可靠性，要提高设备的可靠性，必须加强对元件的质量的控制和维修检查，一般可采取以下方法：使元件的结构和性能符合设计要求和技术条件，选用可靠性高的元件代替可靠性低的元件；合理规定元件的使用周期，严格检查维修，定期更换或重建。

（2）增加备用系统。在规定时间内，多台设备同时全部发生故障的概率等于每台设备单独发生故障的概率的乘积。因此，在一定条件下，增加备用系统（设备），使每台设备或系统都能完成同样的功能，一旦其中一台或几台设备发生故障，系统仍能正常运转，从而提高系统运行的可靠性。例如，对企业中的一些关键性设备（如供电线路、电动机、水泵等）均配置一定量的备用设备，以提高其抗灾能力。

（3）对处于恶劣环境下运行的设备采取安全保护措施。为了提高设备运行的可靠性，防止发生事故，对处于恶劣环境下运行的设备应当采取安全保护措施。如对处于有摩擦、腐蚀、浸蚀等条件下运行的设备，应采取相应的防护措施；对震动大的设备应加强防震、减震和隔震等措施。

（4）加强预防性维修。预防性维修可以有效排除事故隐患、排除设备的潜在危险，为此，应制定相应的维修制度，并认真贯彻执行。

2. 选用可靠的工艺技术，降低危险因素的感度

危险因素的存在是事故发生的必要条件。危险因素的感度是指危险因素转化成为事故的难易程度。降低危险因素的感度，关键是选用可靠的工艺技术。例如，在煤矿用火药中加入消焰剂等安全成分，放炮中使用水炮泥，井巷工程中采用湿式打眼方式等，都是降低危险因素感度的措施。

3. 提高系统的抗灾能力

系统的抗灾能力是指当系统受到自然灾害和外界事物干扰时，自动抵抗而不发生事故的能力，或者指系统中出现某危险事件时，系统自动将事态控制在一定范围的能力。如提高煤矿生产系统的抗灾能力，应该建立健全通风系统，实行独立通风，建立隔爆水棚，采用漏电保护装置、安全监测装置、监控装置等安全防护装置。

4. 减少人的失误

由于人在生产过程中的可靠性远不如机电设备，很多事故大多是由人的失误造成的。降低系统事故的发生概率，首先必须减少人的失误，主要方法有：

（1）对工人进行充分的安全知识、安全技能、安全态度等方面的教育和训练。

（2）以人为中心，改善工作环境，为工人提供安全性较高的劳动生产条件。

（3）提高机械化程度，尽可能用机器操作代替人工操作，减少现场工作人员。

（4）用人机工程学原理进行系统设计，合理分配人机功能，并改善人机接口的安全状况。

（二）降低事故的严重度

事故的严重度指因事故造成的财产损失和人员伤亡的严重程度。事故是由系统中的能量失控造成的，事故的严重度与系统中危险因素转化为事故时释放的能量有关，能量越高，事故的严重度越大。因此，降低事故的严重度十分必要。目前，一般可采取的措施有：

1. 限制能量或分散风险

为了减少事故损失，必须对危险因素的能量进行限制。如各种油库、火药库的贮存量的限制，各种限流、限压、限速等设备就是对危险因素的能量进行限制。此外，通过将大的事故损失化为小的事故损失可达到分散风险的效果。如在煤矿中把"一条龙"通风方式改造成并联通风，每一矿井、采区和工作面均实行独立通风，可达到分散风险的效果。

2. 防止能量逸散的措施

防止能量逸散就是设法把有毒、有害、有危险的能量源贮存在有限的允许范围内，而不影响其他区域的安全，如防爆设备的外壳、密闭墙、密闭火区、放射性物质的密封装置等。

3. 加装缓冲能量的装置

在生产中，设法使危险源能量释放的速度减慢，可大大降低事故的严重度，而使能量释放的速度减慢的装置称为缓冲能量装置。在工业企业和生活中，使用的缓冲能量装置较多，如汽车、轮船上装备的缓冲设备、缓冲阻车器，以及各种安全带、安全阀等。

4. 避免人身伤亡的措施

避免人身伤亡的措施包括以下两个方面的内容：一是防止发生人身伤害；二是一旦发生人身伤害，采取相应的急救措施。采用遥控操作、提高机械化程度、使用整体或局部的人身个体防护都是避免人身伤亡的措施。在生产过程中，及时注意观察各种灾害的预兆，以便采取有效措施，防止事故发生。即使不能防止事故发生，也可及时撤离人员，避免人员伤亡。做好救护和工人自救的准备工作，对降低事故的严重度有着十分重要的意义。

（三）加强安全管理

要控制事故的发生概率和事故的严重度，必须以最优化安全管理作保证，防止事故的各种技术措施的制定与实施也必须以合理的安全管理措施为前提。

1. 建立健全安全管理机构

应依法建立健全各级安全管理机构，配备足够的精明强干、技术过硬的安全管理人员。要充分发挥安全管理机构的作用，并使其与设计、生产、安全监管等职能部门密切配合，形成一个有机的安全管理机构，全面贯彻落实"安全第一，预防为主，综合治理"的安全生产方针。

2. 建立健全安全生产责任制

安全生产责任制是根据管生产必须管安全的原则，明确规定各级领导和各类人员在生产中应负的安全责任。它是企业岗位责任制的一个组成部分，是企业中最基本的一项安全措施，是安全管理规章制度的核心。应根据各企业的实际情况，建立健全安全生产责任制，并在生产中不断加以完善。特别应当指出的是厂（矿）长要对本企业的安全生产负责，厂（矿）长能否落实安全生产责任制是搞好安全生产的关键。

3. 编制安全技术措施计划，制定安全操作规程

编制和实施安全技术措施计划，有利于有计划、有步骤地解决重大安全问题，合理地使用资金。制定安全操作规程是安全管理的一个重要方面，是事故预防措施的一个重要环节，可以限制作业人员在作业环境中的不安全行为，调整人与生产的关系。

4. 加强安全监督和检查

建立健全各种自动制约机制，加强专职与兼职、专管与群管相结合的安全检查工作。对系统中的人、事、物进行严格的监督检查，在各种劳动生产过程中是必不可少的。实践表明，只有加强安全检查工作，才能有效地保证企业安全生产。各企业应该建立安全信息管理系统，加快安全信息的运转速度，以便对安全生产进行经常性的动态检查，对系统中的人、事、物进行严格控制。经常性的安全检查也是运用群众路线的方法，是消除隐患、交流经验、推动安全工作运行的有效措施。

5. 加强职工安全教育

职工安全教育的内容，主要包括思想政治教育、劳动纪律教育、方针政策教育、法制教育、安全技术培训及典型经验和事故教训的教育等。职工安全教育不仅可提高企业各级领导和职工搞好安全生产的责任感和自觉性，而且能普及和提高职工的安全技术知识，使其掌握不安全因素的客观规律，提高其安全操作水平，掌握检测技术和控制技术的科学知识，学会消除工伤事故和职业病的技术本领。

职工安全教育的主要形式有三种，即三级教育、经常性教育和特殊工种教育。

（1）三级教育。三级教育即入厂（矿）教育、车间（区队）教育、岗位教育，是对新工人的教育，内容主要是基本安全知识，包括一般安全知识和预防事故方面的基本知识。

（2）经常性教育。经常性教育是职工业务学习的内容，也是安全管理中的工作，进行方式多种多样，如班前会、班后会、安全月、广播、黑板报、看录像等。

（3）特殊工种教育。特殊工种教育是对技术较复杂、岗位较重要的特殊作业人员（如绞车司机、通风员、瓦斯检查员、电工等）进行的专门教育和训练，经考试合格，取得操作资格证书的，方可上岗作业。

思考题

1. 如何理解事故的可预测性？
2. 如何理解事故预测的原理？
3. 如何理解各种事故预测方法的优缺点？
4. 如何理解事故的可预防性？
5. 如何理解事故的预防原则？
6. 如何理解事故预防的对策理论？

参考文献

［1］ 国务院国有资产监督管理委员会业绩考核局，应急管理部安全生产协调司. 现代安全理念和创新实践［M］. 北京：经济科学出版社，2006.

［2］ 魏俊杰，王戈，刘明举. 安全的定义探析［J］. 中国安全科学学报，2019，29（6）：13－18.

［3］ GB/T 28001－2001，职业健康安全管理体系要求［S］. 北京：中华人民共和国国家市场监督管理总局，2001.

［4］ 阿诺德·沃尔弗斯. 纷争与协作［M］. 于铁军，译. 北京：世界知识出版社，2006.

［5］ 李少军. 论安全理论的基本概念［J］. 欧洲研究，1997（1）：10－12.

［6］ 刘跃进. "安全"及其相关概念［J］. 江南社会学院学报，2000（3）：17－23.

［7］ 彭鹏. 基于概念的主客观性对安全定义及本质的再认识［J］. 安全，2020，41（7）：4－6.

［8］ 罗云. 人类安全哲学及其进步［J］. 科技潮，1997（11）：64－66.

［9］ 朱锴，张骥. 安全科技概论［M］. 北京：中国劳动社会保障出版社，2011.

［10］ 金龙哲，杨继星. 安全学原理［M］. 北京：冶金工业出版社，2010.

［11］ 王凯. 安全原理［M］. 北京：中国矿业大学出版社，2017.

［12］ 罗云，许铭. 安全科学公理、定理、定律的分析探讨［EB/OL］. ［2022－05－17］. https://ishare.iask.sina.com.cn/f/5qphYhaP1N.html.

［13］ 吴超. 安全科学原理［M］. 北京：机械工业出版社，2018.

［14］ 中国职业安全健康协会. 安全科学与工程学科发展报告［M］. 北京：中国科学技术出版社，2008.

［15］ 邱晓辉，周友群，徐晨. 筑牢燃气企业安全生产价值观［J］. 城市燃气，2013（1）：41－43.

［16］ 张建设，李瑚均，崔琳莺. 建筑施工企业安全事故全损失构成体系构建［J］. 中国安全科学学报，2016，26（8）：151－156.

［17］ 朱世伟. 论安全的社会属性［J］. 中国安全科学学报，2003（9）：7－8.

［18］ 方淑荣. 环境科学概论［M］. 北京：清华大学出版社，2011.

［18］ 徐国平. 安全的本质属性及实现安全健康的途径［J］. 科技进步与对策，2007（10）：103－105.

［19］ 张景林，蔡天富. 构思"安全学"［J］. 中国安全科学学报，2004，14（10）：7－12.

［20］ 刘跃进. 从哲学层次上研究安全［J］. 国际关系学院学报，2000（3）：59－64.

[21] 吴超，杨冕，王秉. 科学层面的安全定义及其内涵、外延与推论 [J]. 郑州大学学报（工学版），2018，39（3）：1—4.

[22] 杨苗，吴爱军，李锐. 时间维度下新安全观的内涵、功能及价值 [J]. 工业安全与环保，2020，46（7）：45—49.

[23] 欧阳秋梅，吴超. 安全观的塑造机理及其方法研究 [J]. 中国安全生产科学技术，2016，12（9）：14—19.

[24] 陈维. 总体国家安全观：全球安全治理的中国智慧 [J]. 党建，2019（6）：21—22.

[25] GB/T 15236—2008. 职业安全卫生术语 [S]. 北京：中国标准出版社，2008.

[26] 傅贵. 通用事故原因分析方法 [J]. 事故预防学报，2016，2（1）：7—12.

[27] 袁昌明. 安全管理技术 [M]. 北京：冶金工业出版社，2009.

[28] 段瑜，张开智. 安全工程导论 [M]. 北京：冶金工业出版社，2019.

[29] GB 6441—1986. 企业职工伤亡事故分类 [S]. 北京：中国标准出版社，1986.

[30] 饶国宁，陈网桦，郭学永. 安全管理 [M]. 南京：南京大学出版社，2010.

[31] Heinrich H W，Peterson D，Roos N. Industrial Accident Prevention [M]. New York：Mc Graw —Hill Book Company，1980.

[32] 隋鹏程，陈宝智，隋旭. 安全原理 [M]. 北京：化学工业出版社，2005.

[33] Reason J. Human Error [M]. Cambridge：Cambridge University Press，1990.

[34] Leeson A. A new accident model for engineering safer system [J]. Safety Science，2004（42）：237—270.

[35] Leeson A. Applying systems thinking to analyze and learn from events [J]. Safety Science，2011（49）：55—64.

[36] 邹碧海. 安全学原理 [M]. 成都：西南交通大学出版社，2019.

[37] 李树刚. 安全科学原理 [M]. 西安：西北工业大学出版社，2008.

[38] 金龙哲，杨继星. 安全学原理 [M]. 北京：冶金工业出版社，2010.

[39] 徐锋，朱丽华. 安全学原理 [M]. 北京：中国质检出版社，2016.

[40] 罗春红，谢贤平. 事故致因理论的比较分析 [J]. 中国安全生产科学技术，2007（5）：111—115.

[41] 贾鹤，赵秀雯. 基于博德事故因果连锁理论对哈尔滨北龙酒店火灾事故的分析 [J]. 今日消防，2020，5（3）：84—86.

[42] 田水承，景国勋. 安全管理学 [M]. 北京：机械工业出版社，2009.

[43] 李万帮，肖东生. 事故致因理论述评 [J]. 南华大学学报（社会科学版），2007（1）：57—61.

[44] 覃容，彭冬芝. 事故致因理论探讨 [J]. 华北科技学院学报，2005（3）：1—10.

[45] 吴超. 安全科学学科建设理论研究 [J]. 安全，2019，40（1）：1—6.

[46] 赵立祥，刘婷婷. 事故因果连锁理论评析 [J]. 经济论坛，2009（8）：96—97.

[47] 罗春红，谢贤平. 事故致因理论的比较分析 [J]. 中国安全生产科学技术，2007（5）：111—115.

[48] 李万帮，肖东生. 事故致因理论述评 [J]. 南华大学学报（社会科学版），2007 (1)：57—61.

[49] Haddon W. A note concerning accident theory and research with special reference to motor vehicle accidents [J]. Annals of the New York Academy of Sciences，1963，10 (107)：635—646.

[50] 陈宝智. 安全原理 [M]. 北京：冶金工业出版社，2016.

[51] 陈全. 事故致因因素和危险源理论分析 [J]. 中国安全科学学报，2009，19 (10)：67—71.

[52] 赵宁刚，燕秋华，苗立新，等. 基于三类危险源理论的油库火灾爆炸事故致因 [J]. 油气储运，2018，37 (1)：5.

[53] 金龙哲，汪澍. 安全学原理 [M]. 2版. 北京：冶金工业出版社，2018.

[54] 马尚权，王科迪，刘晓静. 基于瑟利模型的水电施工事故分析 [J]. 华北科技学院学报，2016，13 (2)：111—115.

[55] 景国勋. 安全学原理 [M]. 北京：国防工业出版社，2014.

[56] 牛聚粉. 事故致因理论综述 [J]. 工业安全与环保，2012，38 (9)：45—48.

[57] 谭玉琴，谢雄刚，殷涛，等. 事故致因链综述及应用 [J]. 采矿技术，2020，20 (1)：124—128.

[58] 张雨. 行为安全"2—4"模型在海上船舶安全管理中的应用 [J]. 水运管理，2020，42 (4)：17—18.

[59] 陆柏，吴丹丹，方铭勇，等. 基于行为安全"2—4"模型的事故处置现场指挥员行为研究 [J]. 领导科学，2022 (3)：97—102.

[60] 傅贵，樊运晓，佟瑞鹏，等. 通用事故原因分析方法 [J]. 事故预防学报，2016，2 (1)：7—12.

[61] 傅贵，陈奕燃，许素睿，等. 事故致因"2—4"模型的内涵解析及第6版的研究 [J]. 中国安全科学学报，2022，32 (1)：12—19.

[62] 傅贵. "2—4"模型视角下的行为安全 [J]. 现代职业安全，2019 (12)：17—19.

[63] 徐伟东. 事故调查与根源分析技术 [M]. 3版. 广州：广东科技出版社，2016.

[64] 黄浪，吴超，杨冕，等. 基于能量流系统的事故致因与预防模型构建 [J]. 中国安全生产科学技术，2016，12 (7)：55—59.

[65] 徐锋，朱丽华. 安全学原理 [M]. 北京：中国质检出版社，2016.

[66] 王雨，吴运逸，孙法强. 基于行为安全的 COACH 模型与实践研究 [J]. 中国安全生产科学技术，2015，11 (4)：153—157.

[67] 徐小杰，吕海霞，宋建丽. 事故致因理论发展现状研究 [J]. 航空标准化与质量，2019 (6)：42—45.

[68] 孙爱军，刘茂. 基于社会技术系统视角的我国重大生产安全事故致因分析模型 [J]. 煤炭学报，2010 (5)：876—880.

[69] 许洁，吴超. 安全人性学的学科体系研究 [J]. 中国安全科学学报，2015，25 (8)：10—16.

[70] Fancheer R E. The new know—nothings：The political foes of human nature in schools of human an nature [J]. Journal of the History of the Behavioral Sciences，2000，36 (1)：44—52.

[71] 周欢，吴超. 安全人性学的基础原理研究 [J]. 中国安全科学学报，2014，24 (5)：3—8.

[72] 郝清杰. 马克思的人学方法论 [J]. 河南大学学报（社会科学版），2001，41 (3)：9—11.

[73] 苏冬雪. 人学研究方法论初探 [J]. 晋东南师范专科学校学报，2002，19 (3)：5—6.

[74] 李美婷，吴超. 安全人性学的方法论研究 [J]. 中国安全科学学报，2015，25 (3)：3—8.

[75] 王秉. 安全人性假设下的管理路径选择分析 [J]. 企业管理，2015，36 (6)：119—123.

[76] Tomer J F. Economic man vs heterodox men：The concepts of human nature in schools of economic thought [J]. The Journal of Socio－economics，2002，30 (4)：281—290.

[77] 吴超，贾楠. 安全人性学内涵及基础原理研究 [J]. 安全与环境学报，2016，16 (6)：153—158.

[78] 刘星. 安全伦理学的建构——关于安全伦理哲学研究及其领域的探讨 [J]. 中国安全科学学报，2007，17 (2)：8.

[79] 刘星. 安全道德素质：缺失与建设 [J]. 中国安全科学学报，2008，18 (3)：7—11.

[80] 徐锋，朱丽华. 安全学原理 [M]. 北京：中国质检出版社，2016.

[81] 曹琦. 关于安全文化范畴的讨论，安全文化系统工程 [M]. 成都：四川科学技术出版社，1997.

[82] 陆柏，傅贵，付亮. 安全文化与安全氛围的理论比较 [J]. 煤矿安全，2006，37 (5)：66—70.

[83] 袁旭，曹琦. 安全文化管理模式研究 [J]. 西南交通大学学报，2000，35 (3)：6—8.

[84] Cooper M D. Towards a model of safety culture [J]. Safety Science，2000 (36)：111—136.

[85] 徐德蜀. 科学、文化与安全科学技术学科的拓展 [J]. 科学学研究，1998，16 (3)：26—34.

[86] 金磊，徐德蜀. 面向未来中国安全文化建设的再思考 [J]. 建筑安全，1999 (12)：17—20.

[87] 罗云. "安全文化"系列讲座之一：安全文化的起源、发展及概念 [J]. 建筑安全，2002，17 (9)：2.

[88] 于广涛，王二平. 安全文化的内容、影响因素及作用机制 [J]. 心理科学进展，2004，12 (1)：87—95.